Untersuchung und Berechnung der Wälzfestigkeit im Scheiben- und Zahnflankenkontakt

Von der Fakultät für Maschinenwesen
der Rheinisch-Westfälischen Technischen Hochschule Aachen
zur Erlangung des akademischen Grades eines
Doktors der Ingenieurwissenschaften
genehmigte Dissertation

vorgelegt von

Christoph Löpenhaus

Berichter:

Univ.-Prof. Dr.-Ing. Christian Brecher
Univ.-Prof. Dr.-Ing. Dr.-Ing. E. h. Dr. h. c. Dr. h. c. Fritz Klocke

Tag der mündlichen Prüfung: 19. Oktober 2015

ERGEBNISSE AUS DER PRODUKTIONSTECHNIK

Christoph Löpenhaus

Untersuchung und Berechnung der Wälzfestigkeit im Scheiben- und Zahnflankenkontakt

Herausgeber:
Prof. Dr.-Ing. Dr.-Ing. E. h. Dr. h. c. Dr. h. c. F. Klocke
Prof. Dr.-Ing. Dipl.-Wirt. Ing. G. Schuh
Prof. Dr.-Ing. C. Brecher
Prof. Dr.-Ing. R. H. Schmitt

Band 47/2015

WZL | RWTH AACHEN UNIVERSITY

Fraunhofer IPT

Bibliografische Information der Deutschen Nationalbibliothek
Die Deutsche Nationalbibliothek verzeichnet diese Publikation in der Deutschen Nationalbibliografie; detaillierte bibliografische Daten sind im Internet über http://dnb.ddb.de abrufbar.

Christoph Löpenhaus:

Untersuchung und Berechnung der Wälzfestigkeit im Scheiben- und Zahnflankenkontakt

1. Auflage, 2015

Gedruckt auf holz- und säurefreiem Papier, 100% chlorfrei gebleicht.

Apprimus Verlag, Aachen, 2015
Wissenschaftsverlag des Instituts für Industriekommunikation und Fachmedien an der RWTH Aachen
Steinbachstr. 25, 52074 Aachen
Internet: www.apprimus-verlag.de, E-Mail: info@apprimus-verlag.de

Druck: KN Digital Printforce GmbH, Stuttgart

ISBN 978-3-86359-374-2

D 82 (Diss. RWTH Aachen University, 2015)

Vorwort

Die vorliegende Dissertation entstand während meiner Tätigkeit als wissenschaftlicher Mitarbeiter im Forschungsbereich Getriebetechnik am Lehrstuhl für Werkzeugmaschinen am Werkzeugmaschinenlabor (WZL) der RWTH Aachen.

Herrn Prof. Dr.-Ing. Christian Brecher, dem Leiter des Lehrstuhls für Werkzeugmaschinen am Werkzeugmaschinenlabor, gilt mein besonderer Dank für die umfangreiche Diskussionsbereitschaft und Unterstützung, die einen wesentlichen Beitrag zum Gelingen der vorliegenden Arbeit geleistet hat. Ebenso danken möchte ich Herrn Prof. Dr.-Ing. Dr.-Ing. E.h. Dr. h.c. Dr. h.c. Fritz Klocke, dem Leiter des Lehrstuhls für Technologie der Fertigungsverfahren am Werkzeugmaschinenlabor, für die Übernahme des Koreferats. Beiden Professoren gilt meine große Anerkennung sowohl für ihr umfassendes Fachwissen als auch für ihre Persönlichkeit. Für ihr Vertrauen und die fortwährende Förderung und Prägung meiner beruflichen Entwicklung durch die Übertragung verantwortungsvoller Funktionen und Tätigkeiten möchte ich beiden Professoren ganz besonders danken. Dem Leiter des Instituts für Maschinenelemente und Maschinengestaltung, Herrn Prof. Dr.-Ing. Georg Jacobs, sowie seinem Vorgänger Herrn Prof. Dr.-Ing. Peter Werner Gold danke ich für die Übernahme des Prüfungsvorsitzes sowie Prüfungsbeisitzes.

Die in der vorliegenden Dissertation vorgestellten Arbeiten basieren im wesentlichen auf Untersuchungen aus dem Forschungsvorhaben BR2905/47, das von der Deutschen Forschungsgemeinschaft (DFG) gefördert wurde. Für die finanzielle Unterstützung möchte ich meinen Dank aussprechen. Ein Großteil der Ergebnisse wurde fortwährend mit den Mitgliedsfirmen des WZL-Getriebekreises diskutiert, wofür ich mich an dieser Stelle ebenfalls ganz herzlich bedanken möchte.

Die Dissertation wäre in der vorliegenden Form nicht entstanden, wenn es die zahlreichen Diskussionen mit den Kollegen aus dem Bereich Getriebetechnik am WZL, insbesondere in der Forschungsgruppe Getriebeuntersuchung, nicht gegeben hätte. Hervorheben möchte ich meinen Vorgänger als Oberingenieur der Getriebeabteilung, Dr.-Ing. Markus Brumm, sowie meinen langjährigen Bürokollegen Dr.-Ing. Alexander Bagh - danke für viele intensive Diskussionen. Besonders intensiv war die Zusammenarbeit mit Herrn Dieter Renkens M.Sc., der mich viele Jahre als studentische Hilfskraft unterstützt hat. Es freut mich besonders, dass er die Arbeiten zum Themengebiet „Wälzfestigkeit" als wissenschaftlicher Mitarbeiter weiterführen wird. Allen dreien danke ich für die intensive Durchsicht des Manuskripts. Für die sprachliche Durchsicht bedanke ich mich bei meinem Schwager Herrn Michael Laurenz M.A.

Für ihr großes Engagement in der Prüfkörperfertigung und dem Prüfstandsaufbau danke ich den Herren Jürgen Krause, Ed Winkler, Andreas Schumacher, Peter Reinart (†), Lothar Emonts und Thomas-Martin Palowski. Für die metallo- und röntgenografischen Analysen gilt mein Dank Brigitte Niederbach und Dipl.-Phys. Bernd Krüger. Für die Anpassungen in der FE-Stirnradkette zur Ausgabe der Sekundärspannungen danke ich Herrn Dipl.-Ing. Rainer Stephan. Ein ganz besonderer Dank gilt meinen studentischen Hilskräften Dipl.-Ing. Florian Lubos, Dipl.-Ing. Florian Besten, Simon Pau M. Sc., Rafael Frischtatzky M. Sc., René Greschert M. Sc., Marcel Kasten B. Sc. und Nico Troß B. Sc., die mich bei meiner Tätigkeit mit viel Motivation und gutem Händchen unterstützt haben. Es hat mir immer eine große Freude bereitet, Wissen weiterzugeben und Ergebnisse gemeinsam mit ihnen zu diskutieren.

Meinen Eltern werde ich immer dafür dankbar sein, dass sie mir zwar meine Entscheidungsfreiheit gelassen, aber wichtige Leitplanken auf meinem Lebensweg gesetzt haben. Durch ihre Unterstützung und Förderung haben sie meinen akademischen Werdegang erst ermöglicht.

Besonders herzlich danke ich jedoch meiner Frau Katharina. Mein Dank gilt nicht nur für die Zeit, die wir bisher gemeinsam verbracht haben, sondern auch für die Zeit, die wir nicht gemeinsam verbringen konnten, da der Schreibtisch und die Erstellung der Dissertation Priorität hatten. Ohne ihren Verzicht, ihren uneingeschränkten Rückhalt und ihre Stärke wäre mein beruflicher Werdegang unmöglich gewesen.

Essen, im Oktober 2015

Inhaltsverzeichnis

Content

Formelzeichen und Abkürzungsverzeichnis

Formula Symbols and Abbreviations

Kleinbuchstaben

Symbol	Einheit	Bezeichnung
a	mm	Achsabstand
	-	Koeffizient nach [LIU91]
	m²/s	Temperaturleitfähigkeit (λ / ($\rho \cdot c$))
b	mm	Gemeinsame Verzahnungs-/Laufbahnbreite
	-	Koeffizient nach [LIU91]
b_0	mm	Halbe Hertz'sche Abplattungsbreite
b_{Steg}	mm	Stegbreite
c	J/kgK	Spezifische Wärmekapazität
d	mm	Teilkreisdurchmesser
	mm	Scheibendurchmesser
d_a	mm	Kopfkreisdurchmesser
d_{Ca}	mm	Durchmesser Kopfrücknahmebeginn
d_w	mm	Wälzkreisdurchmesser
g_α	mm	Eingriffsstreckenlänge
h	mm	Kontaktabstand
h_0	µm	Schmierfilmdicke im Parallelspalt
h_{min}	µm	Minimale Schmierfilmdicke
h_t	mm	Krafthebelarm
i	-	Laufvariable
k	1/mm	Krümmung
	-	Weibullparameter
l	mm	Kontaktlänge
m	-	Koeffizient nach [LIU91]
m_n	mm	Normalmodul
n	min^{-1}	Drehzahl
	-	Versuchsanzahl
p_{et}	mm	Stirneingriffsteilung

p_H	N/mm²	Hertz'sche Pressung
p_K	N/mm²	Kontaktpressung
q	mm	Schleifaufmaß
$\dot{q}$	W/mm²	Wärmestromdichte
s	-	Spezifisches Gleiten (Zwei-Scheibenkontakt)
s_n	mm	Zahnfußdickensehne im Normalschnitt
u	-	Zähnezahlverhältnis
v_g	m/s	Gleitgeschwindigkeit
v_t	m/s	Umfangsgeschwindigkeit
v_T	m/s	Tangentialgeschwindigkeit
v_Σ	m/s	Summengeschwindigkeit
x	mm	Koordinate
	mm	Randabstand
y	mm	Koordinate
z	-	Zähnezahl
	mm	Koordinate

Großbuchstaben

Symbol	**Einheit**	**Bezeichnung**
A	-	Werkstoffanstrengung
$A_{Kontakt}$	mm²	Kontaktfläche
B_M	N²/(m²K²s)	Materialfaktor nach [THEY67] ($\lambda \cdot \rho \cdot c$)
$C_{0\rightarrow1}$	-	Einflusszahl von Element 0 auf Element 1
C_a	µm	Kopfrücknahme
C_{bal}	µm	Axialballigkeitsbetrag Scheibe
C_β	µm	Breitenballigkeit Zahnrad
E	MPa	Elastizitätsmodul
F_{bt}	N	Zahnnormalkraft im Stirnschnitt
F_N	N	Normalkraft
F_R	N	Reibkraft
F_d	N	Druckkraft
F_q	N	Querkraft

F_t	N	Tangentialkraft
G	-	Druckviskositätsparameter
IN	-	Einflusszahlenmatrix
K_A	-	Anwendungsfaktor nach ISO 6336
$K_{H\alpha}$	-	Stirnfaktor (Flanke) nach ISO 6336
$K_{H\beta}$	-	Breitenfaktor (Flanke) nach ISO 6336
K_v	-	Dynamikfaktor
M	Nm	Drehmoment
	-	Mittelspannungsempfindlichkeit
N	-	Lastspielzahl
P_A	%	Ausfallwahrscheinlichkeit
$P_Ü$	%	Überlebenswahrscheinlichkeit
P_{An}	W	Antriebsleistung
P_{Vz}	W	Lastabhängige Verzahnungsverlustleistung
Pe	-	Pecletzahl ($v_T \cdot 2\ b_0$ / a)
$Q_{Öl}$	l/min	Ölvolumenstrom
R^2	-	Bestimmtheitsmaß
R_a	µm	arithmetische Rauheit
R_{bal}	mm	Balligkeitsradius
R_q	µm	quadratische Rauheit
R_z	µm	gemittelte Rautiefe
$S_1 \ldots S_4$	-	Summanden (Hilfsvariablen)
S_H	-	Sicherheit gegen Grübchenbildung nach ISO 6336
S_λ	-	Sicherheit gegen Graufleckenbildung
T_{fl}	°C	Blitztemperatur
T_m	°C	Massentemperatur
$T_{Öl}$	°C	Öltemperatur
T_{Start}	°C	Massentemperatur zu Simulationsbeginn
U	-	Geschwindigkeitsparameter
V	mm^3	Auswertevolumen
V_0	mm^3	Referenzvolumen
W	-	Lastparameter

X_L	-	Schmierstofffaktor nach [SCHL95]
X_{OS}	-	Oberflächenstrukturfaktor
X_R	-	Rauheitsfaktor
$Z_{B/D}$	-	Einzeleingriffsfaktor nach ISO 6336
Z_E	-	Elastizitätsfaktor nach ISO 6336
Z_H	-	Zonenfaktor nach ISO 6336
Z_L	-	Schmierstofffaktor nach ISO 6336
Z_{NT}	-	Lebensdauerfaktor (Flanke) nach ISO 6336
Z_R	-	Rauheitsfaktor nach ISO 6336
Z_W	-	Werkstoffpaarungsfaktor nach ISO 6336
Z_X	-	Größenfaktor nach ISO 6336
Z_v	-	Geschwindigkeitsfaktor nach ISO 6336
Z_β	-	Schrägenfaktor (Flanke) nach ISO 6336
Z_ε	-	Überdeckungsfaktor (Flanke) nach ISO 6336

Griechische Buchstaben

Symbol	**Einheit**	**Bezeichnung**
α	1/K	Wärmeausdehnungskoeffizient
α_n	°	Normaleingriffswinkel
β	°	Schrägungswinkel
γ	°	Vertikale sphärische Koordinate der Einheitskugel
	-	Wärmeleitfähigkeitsverhältnis (λ_1 / λ_2)
δ	-	Annäherung Kontaktkörper (Starrkörperverschiebung)
ε	-	Fehler
ε_α	-	Profilüberdeckung
ε_γ	-	Gesamtüberdeckung
ζ	-	Spezifisches Gleiten (Zahnflankenkontakt)
	-	Bezogene Koordinate ($x / (2 \cdot b_0)$)
ζ_{Vz}	-	Verlustgrad
η	-	Hertz'scher Beiwert
$\eta_{Öl}$	mPas	Ölbetriebsviskosität bei Umgebungsdruck
η_{Vz}	-	Wirkungsgrad

Λ	-	Schmierfilmparameter
λ	-	Relative Schmierfilmdicke
	-	Asymmetriefaktor
	W/mK	Wärmeleitfähigkeit
	µm	Wellenlänge der Schliffstruktur
μ	-	Reibkoeffizient / Koeffizient nach [LIU91]
ν	-	Querkontraktionszahl
	cSt	Kinematische Viskosität
ξ	-	Hertz'scher Beiwert
	-	Bezogene Koordinate $(y / (2 \cdot b_0))$
ρ	mm	Krümmungsradius
	kg/m³	Dichte
ρ^*	-	Ersatzstrukturlänge
σ	MPa	Normalspannung
σ_A	MPa	Ertragbare Normalausschlagsspannung
σ_H	MPa	Auftretende Flankenpressung nach ISO 6336
σ_{H0}	MPa	Nominelle Flankenpressung nach ISO 6336
σ_{HG}	MPa	Grübchengrenzfestigkeit nach ISO 6336
σ_{Hlim}	MPa	Dauerfestigkeitswert für Flankenpressung nach ISO 6336
σ_{HP}	MPa	Zulässige Flankenpressung nach ISO 6336
σ_N	MPa	Normallastbedingte Spannung
σ_T	MPa	Tangentiallastbedingte Spannung
σ_W	MPa	Zug-Druck-Wechselfestigkeit
σ_{W0}	MPa	Eigenspannungsfreie Zug-Druck-Wechselfestigkeit
σ_a	MPa	Normalausschlagsspannung
σ_b	MPa	Biegenormalspannung
σ_d	MPa	Drucknormalspannung
σ_m	MPa	Normalmittelspannung
σ_v	MPa	Vergleichsspannung
σ_ϑ	MPa	Thermische Spannung
τ	MPa	Schubspannung

τ_a	MPa	Schubausschlagsspannung
τ_q	MPa	Biegeschubspannung
$\tau_{\gamma\varphi,eff,a}$	MPa	Schubspannungsintensität Winkellage (γ,φ)
τ_m	MPa	Schubmittelspannung
φ	°	Horizontale sphärische Koordinate der Einheitskugel
$\dot{\varphi}$	-	Bezogene Wärmestromdichte (q / q_0)
χ^*	1/mm	Bezogenes Spannungsgefälle
ψ	-	Korrelationsfaktor
ω	rad/s	Winkelgeschwindigkeit

Indizes

Symbol	**Einheit**	**Bezeichnung**
1,2		Prüfkörper, Gegenkörper
A		Eingriffsbeginn
C		Wälzpunkt
Dev		Deviator
E		Eingriffsende
Ers		Ersatz
GEH		Gestaltänderungsenergiehypothese
Hyd		Hydrostat
N		Normal
T		Tangential
a		Ausschlag
ax		axial
ges		gesamt
I,j		Diskretisierungsvariablen Zahnflanke
m		mittlere
makro		makrogeometrisch
max		maximal
mikro		mikrogeometrisch
min		minimal
opt		optimal

res	resultierend
tan	tangential
y	Durchmesser y
ϑ	Temperatur
γ,φ	Winkellage in Einheitskugel

Abkürzungen

AGMA	American Gear Manufacturers Association
BECAL	FVA-Programm Bevel Gear Calculation
BEM	Boundary Element Methode
CAE	Computer Aided Engineering
DIN	Deutsches Institut für Normung
DFG	Deutsche Forschungsgemeinschaft
DMS	Dehnungsmessstreifen
EHD	Elastohydrodynamik
Eht	Einsatzhärtetiefe
FEM	Finite-Elemente-Methode
FVA	Forschungsvereinigung Antriebstechnik e.V.
GEH	Gestaltänderungsenergiehypothese
GJL	Gusseisen mit Lamellengraphit
GJM	Temperguss
GJS	Gusseisen mit Kugelgraphit
GW	Gegenwelle
HRC	Rockwellhärte
HV	Vickershärte
ISO	International Organization for Standardization
LW	Lastwechsel
PW	Prüfwelle
RA	Restaustenit
RIKOR	FVA-Programm Ritzelkorrekturprogramm
RWTH	Rheinisch-Westfälische Technische Hochschule
SIH	Schubspannungsintensitätshypothese

STIRAK	FVA-Programm FE-Stirnradkette
TEHD	Thermoelastohydrodynamik
WZL	Werkzeugmaschinenlabor der RWTH Aachen

1 Einleitung

Durch eine restriktivere Gesetzgebung sowie zur Sicherung des Wettbewerbsvorteils gewinnt die Optimierung der Leistungsdichte im Getriebebau an Bedeutung. Damit verbunden ist, dass Getriebebaugrößen so klein wie möglich gewählt werden oder Sonderverzahnungen zur Realisierung beliebiger Achslagen zum Einsatz kommen.

Die geforderte Leistungsdichte von Getrieben verlangt eine exakte, örtlich aufgelöste Berechnung der Zahnflankentragfähigkeit, um einen hohen Werkstoffnutzungsgrad zu realisieren. Die genaue Nachrechnung der Zahnflankentragfähigkeit ist notwendig, da durch das „Downsizing" Sicherheitsreserven der Verzahnungen vermindert oder sogar aufgebraucht werden. Der Ersatz von Verzahnungen infolge einer unzureichenden Dimensionierung ist häufig kostenintensiv, wie z.B. bei Getriebestufen in Windenergieanlagen, und daher zwingend zu vermeiden. Weiterhin erfolgt vermehrt die Realisierung von Sondergetriebekonzepten, z.B. Beveloidgetrieben im Schiffs- und Automobilgetriebebau. Derzeit existieren keine allgemeinen und abgesicherten Verfahren zur Beurteilung der Grübchentragfähigkeit dieser Sonderverzahnungen.

Im Rahmen der vorliegenden Arbeit wird eine allgemeine, lokale Berechnungsmethode für die Wälzfestigkeit vorgestellt, die auf beliebige Wälzkontakte anwendbar ist. Es wird davon ausgegangen, dass es für ein beanspruchtes Volumenelement unerheblich ist, in welcher Bauteilgeometrie (z.B. Zahnrad, Lager, Nocken, ...) es verbaut ist. Maßgeblich ist lediglich das lokale Verhältnis von Beanspruchung und Beanspruchbarkeit. Zur Ermittlung des Spannungstensors im Wälzkontakt infolge von Normal-, Tangential- und Temperaturbeanspruchungen ist ein präziser Rechenansatz erforderlich, der den lokalen Beanspruchungszustand ohne geometriespezifische Einflussfaktoren beschreibt. Beanspruchbarkeitsseitig wird explizit der statistische Größeneinfluss in den Vordergrund gerückt, da für Großverzahnungen geringere übertragbare Linienlasten festgestellt wurden [GOHR82]. Dazu wird das erweiterte Fehlstellenmodell nach ZUBER [ZUBE08] auf den Wälzkontakt überführt. Durch den allgemeinen Ansatz soll die Wälzfestigkeit beliebiger Kontaktgeometrien größenunabhängig bewertbar werden.

Die allgemeine Rechenmethode soll exemplarisch genutzt werden, um eine Übertragung zwischen dem Geradstirnradzahnflankenversuch und dem Zwei-Scheibenversuch zu ermöglichen, der die tribologischen Verhältnisse einer Wälzstellung des Zahneingriffs nachbildet. Neben den preiswerteren Versuchsproben lassen sich Untersuchungen auf kleineren Prüfständen durchführen, weil deutlich größere Krümmungen bei gleichem Achsabstand gegenüber dem Zahnradversuch realisiert werden können [BÖRN76]. Somit ist der Zwei-Scheibenversuch insbesondere für Analogieuntersuchungen zu Großverzahnungen eine Alternative, worin die wirtschaftliche Relevanz der vorliegenden Arbeit begründet ist. Der Nachweis der lokalen Vergleichbarkeit unterschiedlicher Wälzkontakte erlaubt die kostengünstige und einfache Ermittlung von Tragfähigkeitskennwerten im Analogieversuch. Damit kann die Qualifikation z.B. von verschiedenen Werkstoffen, fertigungsbedingten Produkteigenschaften oder Schmierstoffen effizienter erfolgen.

Introduction

More restrictive laws and the protection of competitive advantages currently lead to the optimization of power density in gearboxes by the drivetrain manufacturers. Linked to this, the size of gearboxes is expected to be as small as possible and special gears are used in order to realize free arrangements of axis orientations.

The required high power density of the gearbox demands for an exact calculation method for the tooth flank strength to ensure a high level of material utilization. The precise recalculation of tooth flank strength is necessary, as the “downsizing” leads to a reduction or even total consumption of the remaining safety reserves. In many cases the replacement of gears is cost intensive, e.g. gear stages of wind turbine gearboxes, and needs to be avoided in any case. Furthermore, an increasing number of special gears are applied, e.g. beveloid gears in ship and car gearboxes. Today no general and secured calculation methods for the rating of pitting strength have been developed for these special gear geometries.

In the present work a general, local calculation method for the strength in rolling-sliding contacts is presented that is applicable on any rolling-sliding contact geometry. The assumption is that the strength of a volume element is independent of the component type under rolling-sliding conditions (e.g. gear, bearing, ...). Relevant for the safe operation is the ratio of local stresses and local strength of the volume element only. For the identification of the stress tensor in the rolling-sliding contact due to normal, tangential, and temperature stresses a precise calculation approach is necessary. The local state of stress needs to be described without any geometry-dependent influence factors. Regarding the strength the statistic size influence is focused on, as a reduction of the applicable line load was observed for large gears [GOHR82]. Therefore, the enhanced weakest link model acc. to ZUBER [ZUBE08] is transferred from the tooth root to the rolling-sliding contact. The general approach allows for the rating of rolling-contact fatigue strength of any contact geometry independent of its size.

The general calculation method shall be used exemplarily in order to realize a transfer of testing results from the contact of spur gears to the contact of disks that simulate the tribologic conditions of a certain contact position in the gear contact. Besides less expensive test specimen, small test rigs can be realized as the radii of curvature are much lower at same center distance [BÖRN76]. Thus, the disk test is an alternative especially for analogy trials for large gears that shows the economical relevance of the present work. The proof of the transferability between different rolling-sliding contact geometries based on a locally resoluted approach allows for the cost effective and simple determination of friction and strength numbers in analogy trials. This allows for the qualification of e.g. different materials, manufacturing-related product properties or lubricants. The result can be a shortening of development times and research and development expenses.

2 Stand der Technik in Wissenschaft und Industrie

State of the Art in Research and Industry

Für das Verständnis der Wälzermüdung im Zahnflankenkontakt ist die Kenntnis von Arten, Ursachen und Entstehung zahnradtypischer Randzonenschädigungen von Relevanz, um ein zielorientiertes Beschreibungsmodell ableiten zu können. Daher werden in den nachfolgenden Abschnitten die relevanten Ermüdungsschäden an Zahnflanken dargestellt und Ursachen für die jeweilige Schädigungsform angegeben. Damit existiert eine Grundlage für die nachfolgende Modellausarbeitung. Weiterhin wird auf den Größeneinfluss in der Ermüdung eingegangen. Ebenfalls werden derzeit in der Wissenschaft und Industrie eingesetzte Rechenverfahren zur Wälzermüdung zusammengeführt. Aufbauend auf den vorangestellten Betrachtungen wird der Forschungsbedarf abgeleitet.

2.1 Ermüdungsschäden an Stirnradzahnflanken

Fatigue Damages of Tooth Flanks of Cylindrical Gears

Die hauptsächlich auf Stirnradflanken als erkennbare Veränderungen der Zahnoberfläche bzw. Zahnform auftretenden Schädigungen sind als Grübchenbildung, Graufleckigkeit, Fressen und Abrasivverschleiß beschrieben [NIEM03]. Ferner kann die Schadensform Flankenbruch die Lebensdauer einer Stirnradzahnflanke begrenzen [BRUC06]. Die unterschiedlichen Schadensformen lassen sich den tribologischen Verschleißmechanismen Zerrüttung (Ermüdung), Adhäsion und Abrasion zuordnen [CZIC10], **Bild 2.1**. Nachfolgend werden die Schädigungen analysiert, die dem Mechanismus Zerrüttung zugeordnet sind, da hierauf der Schwerpunkt der vorliegenden Arbeit liegt. Zudem wird der Größeneinfluss bezüglich der Zerrüttung beschrieben.

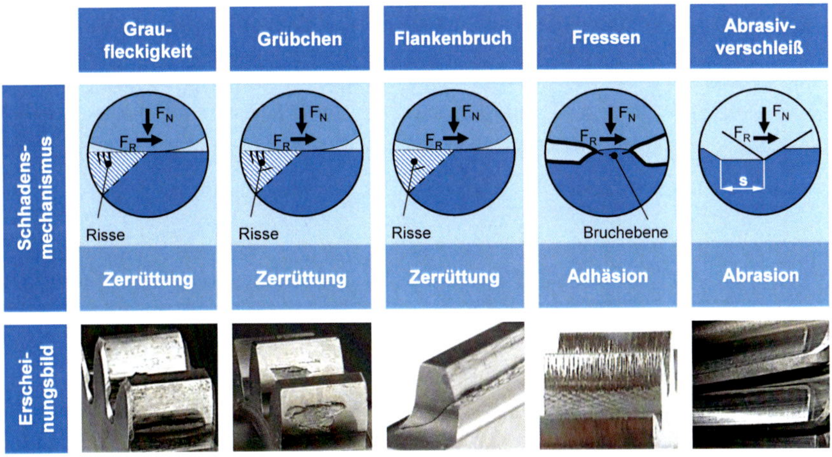

Bild 2.1: Schadensarten und -mechanismen der Zahnflanke [DIN79], [CZIC10], [WITZ12]

Damage Types and Mechanisms of Tooth Flanks [DIN79], [CZIC10], [WITZ12]

2.1.1 Graufleckigkeit

Micro-Pittings

In der Literatur wird eine graufleckengeschädigte Oberfläche optisch mit einem mattgrauen Erscheinungsbild beschrieben [NIEM03]. Die Ursache der graufleckig erscheinenden Fläche ist ein Netz oberflächennaher Risse in Verbindung mit einer Vielzahl ausgebrochener Poren, die zu einer Auskolkung der oberflächennahen Randzone führt. Der Betrag der Auskolkung lässt sich anhand der Profilformabweichung quantifizieren [NIEM03]. Es sind Auskolkungsbeträge durch Ermüdung (Graufleckigkeit) von denen infolge Abrasion (Kopfkantenschaben) voneinander zu differenzieren [NAZK10]. Die muschelförmigen Kleinstausbrüche liegen hinsichtlich ihrer Ausbruchtiefe in einer Größenordnung von $t = 10^{-2}$ mm und kleiner und weisen eine Dreiecksform auf, deren Spitze in Richtung der äußeren Tangentialkraft weist.

Im Anfangsstadium sind die Schädigungen häufig entlang der Schleifriefen lokalisiert, wobei zwischen den Riefen die Schleifstruktur weiterhin erkennbar ist [LEUB86]. Weiterhin wird der initiale Ausgangsort durch langwellige Oberflächenanteile aus dem Fertigungsprozess beeinflusst [VOLG91]. Somit kann der Ausgangsort der Ermüdungserscheinungen den Orten einer lokalen Überbeanspruchung zugeordnet werden. Die resultierende Oberflächenveränderung bewirkt durch die Adaption der Kontaktgeometrie primär eine örtliche Werkstoffentlastung. Das Vorliegen von Grauflecken kann sekundär zu einer Beeinflussung des Entstehungsprozesses der Grübchenbildung führen [HÖHN08]. Die Graufleckenentstehung ist bereits bei theoretischen Hertz'schen Flankenpressungen unterhalb der Grübchendauerfestigkeit nach wenigen Lastwechseln möglich [NIEM03]. Daher liegt der Grund für die Graufleckigkeit insbesondere in Mikro-Hertz'schen Pressungsfeldern, die mit der Oberflächenstruktur und einer unzureichenden Oberflächentrennung verbunden sind.

Die Graufleckenschädigung beginnt in der Regel am treibenden Rad im Bereich negativen Schlupfs, seltener im Bereich des Zahnkopfes am Gegenrad. Von dort erfolgt ein Wachstum der geschädigten Fläche Richtung Zahnkopf. Bei ungünstigen Betriebszuständen ist eine Graufleckenbedeckung der gesamten Zahnflanke möglich [SCHÖ84]. Die sich ergebenden Abweichungen von der idealen Evolvente bewirken eine erhöhte Laufunruhe und dynamische Zusatzkräfte, die sich im Endstadium auf die Zahnfußbelastung auswirken [EMME94].

Zur Bildung der Grauflecken sind tribologisch ungünstige Kontaktbedingungen unter Mischreibung mit hohem Festkörperreibanteil notwendige Voraussetzung, während bei vollständiger Oberflächentrennung eine Graufleckenbildung nicht beobachtet wurde [VOLG91]. Somit liegt der Hauptgrund für die Graufleckenbildung in niedrigen relativen Schmierfilmdicken infolge hoher Oberflächenrauheiten oder geringer minimaler Schmierfilmdicken, was sich im Graufleckenbewertungskriterium widerspiegelt, vgl. **Formel (2.1)** [SCHR00]. Der Viskositätseinfluss auf die Schmierfilmdicke wird durch die Öladditivierung überlagert, bezüglich der sich eine indifferente Temperaturabhängigkeit der Schädigung zeigt (Schmierfilmdicke vs. Additivaktivierungsenergie) [SCHÖ84]. Ebenfalls führen positive Einflüsse auf die Schmierfilmdicke, wie hohe Umfangsgeschwindigkeiten sowie einlaufoptimierte Oberflächenbehandlungen (Brünieren, Phosphatieren, Verkupfern) zu einer Steigerung der Graufleckentragfähigkeit [EMME94]. In Graufleckenuntersuchungen wurde kein direkter Einfluss des Fertigungsverfahrens beobachtet, allerdings wurde die Paarung unterschiedlich endbearbeiteter Zahnräder als vorteilhaft beschrieben [LIU04].

$$\lambda = \frac{h_{min}}{R_{a,m}} \quad \text{Mit} \quad R_{a,m} = 0{,}5 \cdot \left(R_{a,1} + R_{a,2}\right) \tag{2.1}$$

Neben der Schmierfilmbildung hat die Werkstoffbeschaffenheit einen Einfluss auf die Graufleckenbildung. Werkstoffseitig treten Grauflecken bevorzugt bei hohen Randhärten HRC $\geq$ 55 auf. Verschleißfeste Nitrierschichten können die Graufleckentragfähigkeit erhöhen [SCHÖ84]. Die Beobachtungen bezüglich des Restausteniteinflusses waren indifferent [LEUB86, SCHÖ84].

Geometrische Maßnahmen zur Entlastung der Beanspruchung im Bereich negativen Gleitens, z.B. Profilrücknahmen und positive Profilverschiebungen, mindern die Profilformabweichung [SCHR00]. Es wird gleichermaßen die Abrasion durch Kopfkantenschaben und die Graufleckenermüdung gemindert. Ebenfalls wirken sich abgerundete Kopfkanten durch die verbesserten Eingriffsbedingungen zu Kontaktbeginn positiv aus. Eine Modulabhängigkeit der Graufleckenbildung liegt nicht vor [NAZK10].

2.1.2 Grübchen

Pittings

Bei Überschreitung der lokalen Wälzfestigkeit des Werkstoffsubstrats in der Randzone kommt es zu Grübchenschäden. Die Erscheinungsform der Schädigung ähnelt den Ausbrüchen der Graufleckigkeit, ist jedoch in ihrer Dimension ein bis zwei Zehnerpotenzen größer. Grübchenausbrüche sind ebenfalls gekennzeichnet durch muschelförmige Ausbrüche in Dreiecksform und eine weitestgehend ebene, parallel zur Zahnflankenoberfläche verlaufende Bruchfläche. Die Spitze der Dreiecksform weißt in dieselbe Richtung wie die der äußeren Tangentialkraft [GAPP62]. Die Schädigung tritt frühestens nach $N = 50 \cdot 10^3$ Lastwechseln auf [NIEM03]. Es ist zu differenzieren nach Einlaufgrübchen zum Abbau lokaler Überlasten (degressiver Schadensverlauf) sowie linearer bzw. progressiver Grübchenbildung (fortschreitender Schadensverlauf). Die Größenausprägung der Grübchenschädigung ist von den äußeren Beanspruchungsbedingungen abhängig. So treten großflächige, tiefe Grübchen häufig in Verbindung mit hohen Spannungsbeträgen und kleine, flache Grübchen bei niedrigen Pressungen und einem ungünstigen Schmierungszustand auf [BART99].

Der bevorzugte Ausgangsort für die Grübchenbildung ist der Bereich negativen Schlupfs. Vor allem bei vergüteten Werkstoffen kommt es zu einer Ausbreitung von Grübchenlinien für eine bestimmte Schlupf-Pressungskombination über der Zahnbreite an mehreren Zähnen. An oberflächengehärteten Zahnrädern sind meist einzelne Zähne mit größerer Schadensfläche des Einzelgrübchens betroffen, an denen das Grübchen Richtung Zahnkopf wächst [WINT79].

Maßgeblich für die Entstehung des Grübchenschadens ist der durch die Hertz'sche Pressung, **Formel (2.2)**, induzierte Spannungszustand im Werkstoffsubstrat, der eine Rissinitiierung und das nachfolgende Risswachstum erlaubt [NIEM03]. Folglich sind alle pressungsmindernden Maßnahmen zur Steigerung der Grübchentragfähigkeit förderlich. Dem Hertz'schen Normalbeanspruchungszustand überlagern sich reibungsbedingte Tangentialbeanspruchungen, die vom tribologischen Kontakt (Rauheit, Ölviskosität, Additivierung, Gleitgeschwindigkeit, ...) abhängen [KÄSE77, GOHR82, FRIT91]. Zusätzlich wird der mechanische Wälzbeanspruchungszustand durch Temperaturspannungen superponiert [KNAU88]. Der dominante Einfluss der Reibungszahl auf die über die Hertz'sche Pressung hinausgehenden Beanspruchungen bedingt positive Veränderungen hinsichtlich der Grübchentragfähigkeit für sämtliche reibmindernden Maßnahmen [NIEM03].

$$p_H = \sqrt{\frac{F_N}{\pi \cdot l \cdot \rho_{Ers}} \cdot \frac{1}{\left(\frac{1-\upsilon_1^2}{E_1} + \frac{1-\upsilon_2^2}{E_2}\right)}} \quad \text{Mit} \quad \rho_{Ers} = \frac{\rho_1 \cdot \rho_2}{\rho_1 + \rho_2} \qquad (2.2)$$

Da es sich bei der Grübchenbildung um einen Ermüdungsschaden des Werkstoffsubstrats handelt, kann die Grübchentragfähigkeit beanspruchbarkeitsseitig gezielt beeinflusst werden. Ansatzpunkte hierzu liegen zum einen in der Werkstoffgüte (z.B. Vergütungsstahl, Einsatzstahl) und der damit angebotenen Werkstoffhärte im Wälzkontakt [GOHR82]. Zum anderen ergeben sich insbesondere für einsatzgehärtete Verzahnungen Potenziale durch die gezielte Wahl der Einsatzhärtetiefe [BÖRN76, KÄSE77, TOBI01]. Der Werkstoffmikrostruktur überlagert ist der positive Effekt von Druckeigenspannungen auf die Grübchentragfähigkeit [KÖCH96]. Ebenfalls ergeben sich höhere Tragfähigkeiten bei der Wahl höherer Restaustenitgehalte [RAZI67].

2.1.3 Flankenbruch

Flank Breakage

Die Schadensform Flankenbruch wurde erst in der jüngeren Vergangenheit systematisch untersucht. Wie die Schadensformen Graufleckigkeit und Grübchenbildung ist der Flankenbruch ein Ermüdungsschaden, der sowohl an Stirnrad- als auch an Kegelradverzahnungen auftritt. Es handelt sich um Brüche aus dem aktiven Zahnflankenbereich auf etwa halber Zahnhöhe, die vor allem am treibenden Zahnrad ohne vorherige Ankündigung, z.B. in Form einer Oberflächenschwächung durch Grübchenschädigung, auftreten. Die Lastspielzahlen bis zum Schaden sind vergleichsweise hoch, was eine Unterscheidung vom klassischen Zahnfußbruch darstellt. Die Schädigung beginnt unterhalb der Oberfläche in einem Tiefenbereich des Auslaufs der Härteschicht, der die Grübchenbildung um etwa eine Zehnerpotenz übersteigt. Der Ausgangsort der Schädigung liegt häufig außermittig zur Stirnseite verschoben an Fehlstellen des Gefüges, bevorzugt an Al_2O_3-Einschlüssen. [TOBI01]

Maßgeblich für die Schädigung sind neben der Höhe der äußeren Belastung die aus der Wärmebehandlung resultierenden Werkstoffeigenschaften. Begünstigend für die Schädigung sind im Vergleich zur Beanspruchung geringe Einsatzhärten und geringe

Zahnquerschnitte. Insbesondere die der Wälzbeanspruchung nachgelagerte Spannungsbeaufschlagung infolge von Zahnbiegung/Querkraftschub beeinflusst den Spannungszustand im Bereich des Rissausgangs. Darüber hinaus können die für den Ausgleich der Druckeigenspannungen in der gehärteten Randzone erforderlichen Zugeigenspannungen im Auslauf der Härteschicht die Rissausbreitung unterstützen [BRUC06]. Oberflächennahe Beanspruchungseffekte (Schmierung, Oberflächenfeingestalt) sowie Eigenspannungsbeträge an der Oberfläche beeinflussen den Schadensmechanismus nicht unmittelbar. Die chemische Zusammensetzung der Fehlstelle ist für die Schadensentstehung nicht wesentlich, vielmehr stellt die Spannungskonzentration durch Kerbwirkung infolge des Elastizitätsmodulsprungs eine wesentliche Voraussetzung der Schädigung dar [WITZ12].

2.1.4 Größeneinfluss auf die Ermüdungstragfähigkeit

Size Influence in Fatigue Strength

Untersuchungen an Verzahnungen variierender Baugrößen führen zu Unterschieden in den übertragbaren Hertz'schen Pressungen. So zeigten Braykoff und Hergesell höhere Festigkeitskennwerte für Kleinverzahnungen im Vergleich zur Normberechnung auf [BRAY07, HERG13]. Demgegenüber werden für Großverzahnungen in Windkraftanlagen erhöhte Sicherheiten im Tragfähigkeitsnachweis verlangt, da die übertragbaren Pressungen kleiner als bei Verzahnungen mittlerer Baugröße sind [GRZY07]. Somit ist ein Größeneinfluss auf die Grübchentragfähigkeit erkennbar.

Mit dem Größeneinfluss wird berücksichtigt, dass Bauteile unterschiedlicher Dicke, Länge und Volumen bei gleicher Belastung Unterschiede in den ertragbaren Lastspielzahlen aufweisen. Kloos unterschied verschiedene Formen des Größeneinflusses [KLOO76], **Bild 2.2**.

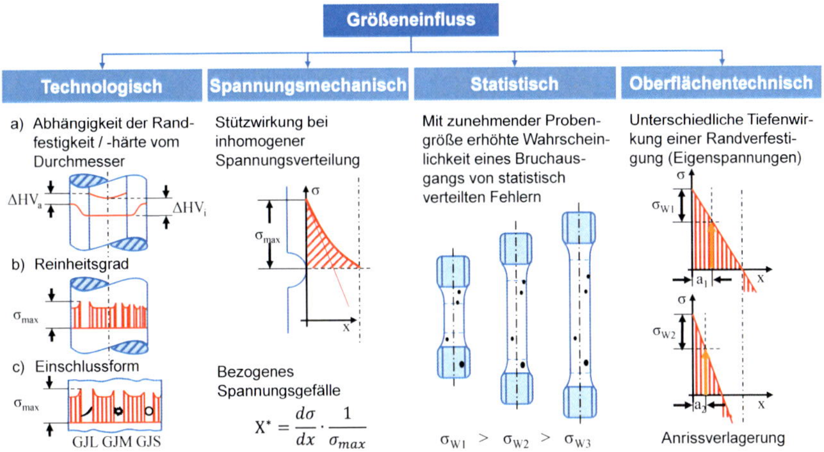

Bild 2.2: Arten und Ursachen des Größeneinflusses [KLOO76]

Types and Reasons of Size Influence [KLOO76]

Eine Entkopplung der einzelnen Arten ist nur in Ausnahmefällen möglich, vielmehr liegt eine Überlagerung bzw. gegenseitige Beeinflussung vor. Der technologische Größeneinfluss fokussiert im Besonderen Art, Form, Größe und Verteilung von nichtmetallischen Einflüssen sowie eine potenzielle Abhängigkeit der Randfestigkeit von der Herstellung und von der Bauteilgröße, Bild 2.2 links. In der Praxis lässt sich beispielsweise zum Zentrum eines Stangenmaterials eine signifikante Abnahme der Schwingfestigkeit nachweisen, da sich in diesem Bereich bevorzugt Einschlüsse ablagern. Dadurch, dass der technologische Größeneinfluss insbesondere von den Fertigungsprozessen abhängt, kann er häufig weitgehend beherrscht werden. Daher spielt der technologische Größeneinfluss in vielen technischen Anwendungen eine untergeordnete Rolle [GOHR82].

Ein unterschiedliches Spannungsgefälle über dem Bauteilvolumen bei gleicher Maximalspannung wird als spannungsmechanischer Größeneinfluss beschrieben. Das Spannungsgefälle beschreibt den Spannungsgradienten über der Werkstofftiefe. Es wird eine Steigerung der Festigkeit mit steilem Spannungsgefälle beobachtet, die mit der Stützwirkungstheorie begründet wird. Bauteilvolumina mit steilem Spannungsgefälle weisen demnach eine stärkere gegenseitige Bindung auf und stützen sich im Verbund gegen ihre spannungsärmere Umgebung ab. Im Wälzkontakt kommt es bei konstanter Pressung mit steigendem Krümmungsradius zu einer Senkung des Spannungsgradienten [GOHR82]. Theoretisch ergibt sich dadurch eine Tragfähigkeitsabnahme. Die Bewertung der Stützwirkung erfolgt üblicherweise über die sogenannte Ersatzstrukturlänge [NEUB68]. Für Einsatzstahl liegt die Ersatzstrukturlänge üblicherweise eine Zehnerpotenz geringer als die Hertz'sche Abplattung, sodass im Wälzkontakt von einer geringen Stützwirkung ausgegangen wird [GNIL92].

Gemäß des statistischen Größeneinfluss erhöht sich mit einer Zunahme der Probengröße die Anzahl statistisch verteilter Fehlstellen, die Ausgangspunkt für einen bruchfähigen Riss sind. Mit einer Vergrößerung des kritisch beanspruchten Volumens wird von einer Minderung der Schwingfestigkeit ausgegangen. Dieser Zusammenhang wird häufig in einem „Weakest-Link-Modell" beschrieben, da er der Annahme folgt, dass die Gesamtfestigkeit des Bauteils von der Festigkeit des schwächsten Volumen- bzw. Oberflächenelements bestimmt wird [ZUBE08].

Der oberflächentechnische Größeneinfluss besagt, dass sich mit zunehmender Bauteilabmessung oberflächenverfestigter Bauteile die Oberflächenverfestigung weniger förderlich für die Festigkeit auswirkt. Die Begründung hierfür liegt in einer abnehmenden relativen Wirktiefe der jeweiligen Verfahren zur Oberflächenverfestigung (z.B. Einsatzhärtung) im Vergleich zum Tiefenverlauf der Beanspruchung [BÖRN76], Bild 2.2 rechts. Somit kommt der Rissinitiierung unterhalb der Oberfläche bei randschichtverfestigten Bauteilen größerer Abmessungen eine hohe Bedeutung zu.

Nach aktuellem Kenntnisstand ist eine vollständige Berücksichtigung der genannten Einzeleinflüsse nur in Verbindung mit Bauteilversuchen möglich [HAIB06]. In einem neueren Berechnungsvorschlag zeigte FRÖSCHL eine Zerlegung von Teilaspekten, wie z.B. dem statistischen und spannungsmechanischem Größeneinfluss [FRÖS11].

Für den Wälzkontakt sind insbesondere der statistische Größeneinfluss sowie der oberflächentechnische Größeneinfluss von Bedeutung. Für Zahnradanwendungen zeigte ZUBER ein Konzept zur Berücksichtigung des Größeneinflusses in der Zahnfußtragfähigkeitsberechnung [ZUBE08]. Für die Berechnung der Wälzfestigkeit erfolgt eine derartige Berücksichtigung des Größeneinflusses aktuell nicht.

2.1.5 Ermüdung im Zahnflankenanalogieversuch

Fatigue in Tooth Flank Analogy Test

Die Simulation der zahnradtypischen Wälzbeanspruchung im Analogieversuch durch den Zwei-Scheibenkontakt stellt eine effektive Methode zur Senkung der Prüfkosten dar, da die Bauteile verhältnismäßig schnell und kostengünstig gefertigt werden können [GOHR82]. Außerdem ist das Prinzip für die Analogieprüfung von Großverzahnungen interessant, da ca. drei Mal größere Krümmungen bei gleichem Achsabstand gegenüber dem Zahnradversuch realisiert werden können [BÖRN76].

Im Zwei-Scheibenversuch wird ein bestimmter Betriebspunkt der Zahnflanke durch den Kontakt zweier aufeinander abwälzender Zylinder unter definierten Schlupf- und Normalkraftbedingungen simuliert. Die Ableitung der Scheibengeometrie erfolgt in der Regel aus der Prüfverzahnung [STRE97]. Durch die Einstellung zwar kontrollierter, aber auch quasistationärer Prüfbedingungen wird das Eingriffsverhalten des Zahnkontakts nicht vollständig nachgebildet. Die über dem Zahnprofil variierenden kinematischen Bedingungen sowie mögliche Stoßbelastungen durch mangelnde Profilkorrekturen oder fertigungsbedingte Geometriefehler werden in dem Prüfprinzip nicht berücksichtigt. Ebenfalls können die Wärmeabführungsbedingungen variieren [GOHR82, HURA04].

GOHRITZ [GOHR82] führte umfangreiche vergleichende Untersuchungen des Zwei-Scheiben- und Zahnflankenkontakts durch. Die Untersuchungen fanden im Linienkontakt statt. Die Prüfkörpergeometrie im Analogieversuch ist auf die Bedingungen am Wälzkreis einer Prüfverzahnung angepasst. Es zeigten sich in Abhängigkeit des Werkstoffs, der Schlifforientierung und des Schlupfbetrags Einflüsse auf die Übertragbarkeit der Prüfsysteme, **Bild 2.3** unten. Weiterhin dargestellt ist in Abhängigkeit des Werkstoffs die Häufigkeit des Orts der Grübchenlage, Bild 2.3 oben. Die Untersuchung vergüteter Bauteile zeigte eine Überführbarkeit der dauerfest übertragbaren Pressungen im Zahnflankenkontakt und Zwei-Scheibenkontakt für vergleichbare Schlupfbeträge unabhängig von der Schlifforientierung. Für einsatzgehärtete Bauteile wurde eine vergleichbare Tragfähigkeit für quergeschliffene Scheiben bei etwas höheren Schlupfbeträgen als nach der im Zahnradversuch ermittelten Häufigkeitsverteilung ermittelt.

Die von GOHRITZ [GOHR82] beobachtete ungünstigere Tragfähigkeit der quergeschliffenen Variante steht entgegen anderen Untersuchungsergebnissen von KREIL und MAYER, die diesen Prüfbedingungen geringere Tangentialbeanspruchungen zusprachen [KREI08, MAYE14], woraus sich höhere Wälzfestigkeiten ableiten lassen. Die Kontaktbedingungen der Scheibenversuche in [GOHR82] wurden durch Randgrübchen über dem Prüflauf verändert. Weiterhin war die vergleichend geprüfte Verzahnung in Profilrichtung unmodifiziert, sodass stoßartige Eintrittsbedingungen in Verbindung mit der hohen Verschleißbeständigkeit des Einsatzstahls gegenüber dem adaptiveren Vergütungsstahl niedrigere Dauerfestigkeiten als für den idealen Eingriff bewirkt haben konnten, vgl. [HASL91, NAZK10].

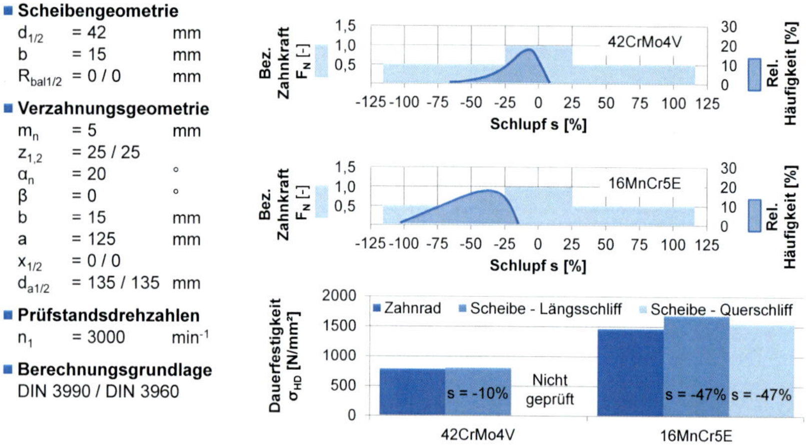

Bild 2.3: Übertragung Zwei-Scheibenkontakt und Zahnflankenkontakt [GOHR82]
Transfer of Two-Disk-Contact and Tooth Flank Contact [GOHR82]

Zur Vermeidung des Auftretens von Randgrübchen hat sich der Einsatz bombierter Gegenscheiben zur Erzeugung eines Punktkontakts etabliert [RÖSC76, VOLG91, STRE97, HURA04, BUGI09, BAGH15]. HURASKY-SCHÖNWERTH zeigte am Beispiel von PVD-Beschichtungen, dass sich der Scheibenversuch zur Qualifikation der ertragbaren Wälzbeanspruchungen eignet [HURA04]. Er stellte allerdings fest, dass sich Abstufungen nicht unmittelbar quantitativ vom Scheibenkontakt auf den Zahnflankenkontakt übertragen lassen. Auch in weiteren Untersuchungen von BUGIEL und BAGH wurden höhere Pressungen im Scheibenkontakt als im Zahnflankenkontakt realisiert [BUGI09, BAGH15]. Ein potenzieller Grund hierfür liegt in der von RÖSCH und VOLGER beobachteten veränderlichen Kontaktgeometrie über dem Versuchslauf. Diese Profiländerungen werden durch Plastifizierung, Oberflächenermüdung oder Abrasion erzeugt. Dadurch kommt es in der Regel zu einer Abnahme der Beanspruchungen im Zwei-Scheibenversuch über der Laufzeit [RÖSC76, VOLG91]. BAGH wies einen höheren Betrag der Profiländerung im Punktkontakt auf der Scheibe im Vergleich zum Linienkontakt am Zahnrad nach [BAGH15]. Aktuell erfolgt keine Berücksichtigung veränderlicher Kontaktgeometrien in der Ermittlung der dauerfest übertragbaren Kontaktpressung.

2.1.6 Bewertung der Haupteinflussgrößen auf die Ermüdung

Evaluation of Main Influences on Fatigue

Die Ermüdungsvorgänge der Zahnflanke sind mannigfaltig und die Anzahl an Einflussgrößen umfangreich. Aus der Zusammenstellung kann abgeleitet werden, welche Einflussgrößen in einem Modellansatz zur Berechnung der Wälzfestigkeit berücksichtigt werden müssen. Als wesentliche Ermüdungsschäden der Zahnflanke gelten die Schadensformen Graufleckigkeit, Grübchenbildung und Zahnflankenbruch. In Bild 2.4 sind die wesentlichen Einflussgrößen auf die unterschiedlichen Ermüdungsschäden zusammenführend dargestellt und kategorisiert nach Einflüssen aus der Makrobeanspruchung, den Kontaktbedingungen sowie Werkstoffeigenschaften. Ebenfalls ist die Größendimension der jeweiligen Schädigung angegeben.

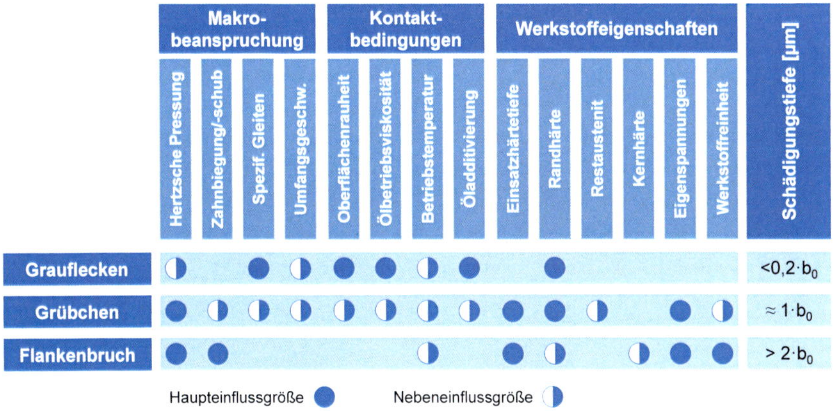

Bild 2.4: Haupteinflussgrößen auf Ermüdungsschäden der Zahnflanke

Main Influences on Fatigue Damages of Tooth Flanks

Die Wirktiefen der jeweiligen Haupteinflussgrößen für die Schädigung korrespondieren mit den einzelnen Schädigungsformen. Die Graufleckigkeit als oberflächennaher Ermüdungsschaden ist maßgeblich von den Bedingungen des tribologischen Kontakts in Verbindung mit der Randhärte des Materials abhängig. Die mit deutlich größerer Tiefenwirkung versehene Schadensform Flankenbruch hingegen hängt hauptsächlich vom Spannungszustand im Inneren des Bauteils sowie den dortigen Werkstoffeigenschaften ab. Die Grübchenbildung, die sich nahezu vollständig im Bereich der gehärteten Randschicht abspielt, führt elementar Beanspruchungs- und Festigkeitsbedingungen sowohl der Oberfläche als auch des Bauteilvolumens zusammen. Daher kann nicht von einem der Schädigungsmechanismen unmittelbar auf einen anderen Schädigungsmechanismus geschlossen werden. Für die Untersuchung im Zwei-Scheibenkontakt stellen sich die Ermüdungsformen Graufleckigkeit und Grübchenbildung als hauptsächlich beobachtete Mechanismen dar. Tiefliegende Ermüdungsformen vergleichbar zum Zahnflankenbruch lassen sich im Zwei-Scheibenkontakt nicht untersuchen.

2.2 Reibung im Zahnflankenkontakt

Friction in Tooth Flank Contact

Die lokale Tangential- und Temperaturbeanspruchung im Wälzkontakt technischer Oberflächen ist abhängig von der Höhe der örtlich vorliegenden Reibkraft. Ein wesentliches Kriterium zur Quantifizierung grübchenkritischer Beanspruchungen stellt daher die Kenntnis des örtlichen Reibkoeffizienten dar. SCHOUTEN zeigte, dass bei tribologischer Beanspruchung die Reibkoeffizienten im Zahneingriff im Bereich von μ = 0,02 - 0,15 liegen [SCHO73]. STÖßEL [STÖß71] ermittelte experimentell am Zwei-Scheibenprüfstand und WIMMER [WIMM06] auf Basis von elektrischen Widerstandsmessungen an Verzahnungen typische Verläufe des Reibkoeffizienten über der Eingriffsstrecke, **Bild 2.5**. Die Verläufe weisen im Bereich des Rollens (Wälzpunkt C) einen Reibwert von annähernd null auf. Von dort aus wächst der Reibkoeffizient in Richtung Zahnkopf und Zahnfuß steil bis zu einem Maximum an, von dem der Verlauf dann abflacht. ELSTORPFF [ELST93] führte das Abflachen in Randbereichen auf höhere Temperaturen infolge steigender Gleitgeschwindigkeiten zurück. Damit verbunden ist eine Abnahme in der Scherfestigkeit des Fluids und damit geringere Reibkoeffizienten. Die Überhöhung am Eintrittsbeginn erklärte WIMMER mit einem erhöhten metallischen Kontaktanteil infolge des noch ausstehenden Schmierfilmaufbaus bei Eingriffsbeginn [WIMM06]. Über den ausstehenden Schmierfilmaufbau hinaus ist bei Einsatz einer profilunkorrigierten Verzahnungen ebenfalls eine Reibkraftüberhöhung durch einen vorzeitigen Zahneingriff möglich.

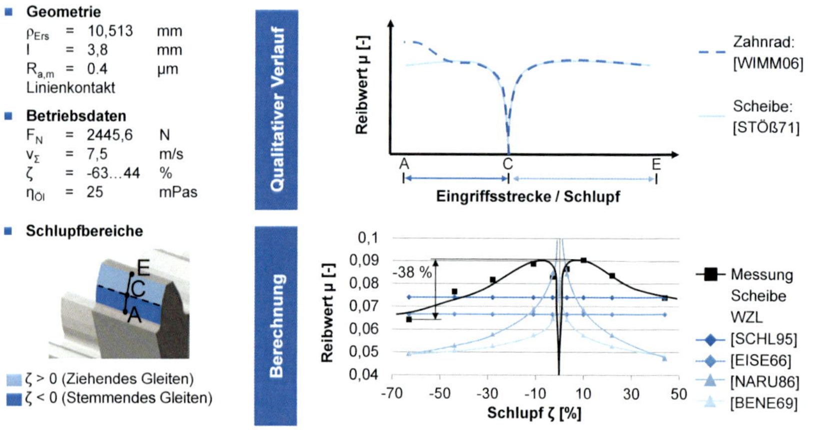

Bild 2.5: Verlauf und Berechnung des Reibwerts über dem Schlupf

Characteristic and Calculation of Friction Coefficient over Slip

2.2.1 Berechnung des Reibkoeffizienten

Calculation of Friction Coefficient

Die Berechnungsansätze zur Bestimmung des Reibkoeffizienten lassen sich unterscheiden nach theoretischen Rechenverfahren sowie empirischen Ansätzen. Die erste Gruppe bewertet die physikalischen Stoffwerte des Schmiermediums und basiert auf der Annahme eines bestimmten Fluidmodells. Theoretische Verfahren, wie der von BARTHEL vorgestellte Ansatz, sind rechenzeitintensiv und benötigen eine versuchstechnische Bestimmung der Eingangsgrößen, da eine rein theoretische Ermittlung der Schmierstoffkennwerte zu einer falschen Abschätzung führt [BART09].

Die Gruppe der empirischen Rechenverfahren basiert auf Reibungszahlmessungen an Zwei-Scheiben- sowie Zahnradprüfständen [OHLE58, BENE61, EISE66, NARU86, MICH87, SCHL95, DOLE03, TENB12]. Einen Zwischenschritt zu einem Rechenansatz mit fixierten Koeffizienten beschrieb DOLESCHEL [DOLE03], dessen Methode die tribologischen Eigenschaften des Schmierstoffs auf Grundlage von empirischen Ergebnissen berücksichtigt und den mittleren Reibwert des Zahnradeingriffs aus Anteilen der Festkörper- und Flüssigkeitsreibung zusammenführt.

Für die Berechnung mittlerer Reibkoeffizienten über dem Eingriff gibt es eine Reihe unterschiedlicher Grundmodelle mit phänomenologischem Aufbau und festen Koeffizienten, die WIMMER vorgestellt und bewertet hat [WIMM06]. Als Haupteinflüsse auf den Reibkoeffizienten werden die Beanspruchung, Kontaktgeometrie, Geschwindigkeiten, Schmierstoffeigenschaften und Oberflächenbeschaffenheiten gewertet, vgl. exemplarisch **Formel (2.3)**, [SCHL95]. Neuere Arbeiten von TENBERGE stützten die Formulierung empirischer Ansätze nicht nur auf experimentelle Untersuchungen, sondern auch auf simulative TEHD-Berechnungen [TENB12], **Formel (2.4)**. Die Verwendung zahnradspezifischer Größen verhindert eine direkte Anwendung auf andere Kontaktformen, wie z.B. dem Zwei-Scheibenkontakt.

$$\mu_{mz} = 0{,}048 \cdot \left(\frac{F_{bt}/b}{v_{\Sigma C} \cdot \rho_{redC}}\right)^{0{,}2} \cdot \eta_{\ddot{O}l}^{-0{,}05} \cdot R_a^{0{,}25} \cdot X_L \qquad (2.3)$$

$$\mu_{mz} = 0{,}038 \cdot \frac{(F_{bt}/b)^{0{,}173}}{v_{\Sigma C}^{0{,}045} \cdot \rho_{\mathrm{red}C}^{0{,}332}} \cdot X_L \cdot X_R^{0.198} \qquad \text{mit} \quad X_R = 3{,}8 \cdot \sqrt[4]{\frac{R_a}{d_1}} \qquad (2.4)$$

Ansätze zur Berechnung der mittleren Reibungszahl wurden bereits vereinzelt lokal auf der Zahnflanke angewendet, z.B. der Ansatz von MICHAELIS [MICH87], dessen phänomenologischer Aufbau dem Ansatz von SCHLENK [SCHL95] entspricht. Der Ansatz wurde von WIRTH [WIRT08] örtlich auf Kegelrad- und Hypoidgetriebe angewendet. Bestehende Reibansätze zeigen aber nur eine bedingte Nachbildung des tatsächlichen Verlaufs des Reibkoeffizienten über dem Schlupf, siehe den Vergleich unterschiedlicher Ansätze mit einer im Rahmen der vorliegenden Arbeit ermittelten Messreihe (Schwankung von $\Delta\mu$ = 38 %), Bild 2.5 unten. Außerdem wurden einige Ansätze (z.B. [MICH87, SCHL95]) direkt an Stirnradverzahnungen ermittelt und sind somit nicht unmittelbar auf andere Kontaktgeometrien überführbar. Für eine verbesserte Beschreibung ist ein schlupfabhängiger sowie von einer allgemeinen Kontaktgeometrie abgeleiteter Rechenansatz notwendig. Vorliegende phänomenologische Ansätze weisen entweder keine Abhängigkeit vom Schlupf auf [EISE66, MICH87, SCHL95, TENB12] oder nutzen mathematische Beschreibungen, deren Formulierung zu einer Polstelle im Bereich des Wälzkreises führt [BENE61, NARU86].

2.2.2 Reibung im Zahnflankenanalogieversuch

Friction in Tooth Flank Analogy Test

Die Erfassung der Reibverhältnisse über der Eingriffsstrecke einer Verzahnung gelingt nach aktuellem Stand der Technik noch nicht vollständig örtlich und zeitlich aufgelöst. REBECCHI zeigte Messungen unter Zuhilfenahme von DMS-Messketten im Zahnfuß [REBE96]. WIMMER führte kapazitative Messungen zur Beschreibung des örtlichen Schmierspaltverlaufs über dem Zahneingriff durch und schloss daraus auf den Reibwertverlauf [WIMM06]. Aus diesem Grund wird das Reibverhalten für zahnradtypische Oberflächenkontakte häufig im Zwei-Scheibenversuch analysiert. Zur Analyse der Reibkräfte wird die tangentiale Auslenkung eines der beiden Reibpartner messtechnisch erfasst. Das Messprinzip wurde von STÖßEL [STÖß71] eingeführt.

In bestehenden Untersuchungen wurde im Zwei-Scheibenkontakt häufig ein geringerer Reibkoeffizient als im Zahnradversuch festgestellt [MICH87, DOLE03, WIMM06]. Als Gründe hierfür wurden unter anderem Unterschiede in den Kontaktbedingungen genannt, da der Zwei-Scheibenkontakt im Gegensatz zum Zahneingriff unter stationären Bedingungen abläuft. Neben den Veränderungen der Bedingungen entlang der Eingriffsstrecke wurde mit jedem Zahneintritt ein neuer Schmierfilmaufbau vermutet. Mit geschlitzten Prüfscheiben konnte WIMMER diese Vermutung bei üblichen Summengeschwindigkeiten allerdings nicht nachweisen [WIMM06].

Über die bestehenden Beobachtungen hinaus können infolge der Nutzung unkorrigierter Verzahnungen vor- und nachzeitige Eingriffseffekte zu einer Verlängerung der Kontaktzeit unter ungünstigen Reibbedingungen und somit zu einem höheren mittleren Reibwert über dem Zahneingriff führen. Außerdem lagen in vielen Untersuchungen im Scheibenkontakt abweichende Krümmungsverhältnisse gegenüber dem Zahnkontakt vor, was veränderliche lokale Beanspruchungen und Veränderungen in der Fluidabströmung bewirkt. So untersuchten MICHAELIS, DOLESCHEL, WIMMER, KREIL und MAYER zwar in Analogie zum Zahnrad den Linienkontakt, allerdings war der Prüfscheibenradius deutlich höher als der Krümmungsradius einer Verzahnung mittleren Moduls [MICH87, DOLE03, WIMM06, KREI08, MAYE14]. Dieser Zusammenhang stimmt mit Beobachtungen von SCHLENK überein, der kleinere Reibwerte mit zunehmendem Krümmungsradius ermittelte, siehe Formel (2.3) [SCHL95]. Demgegenüber war der Prüfscheibenradius in den Untersuchungen von BUGIEL und BAGH zwar auf eine Prüfverzahnung mittleren Moduls (m_n = 5 mm) abgestimmt [BUGI09, BAGH15]. Allerdings waren die Axialballigkeiten gegenüber dem Zahnflankenkontakt erhöht. Eine auf die genannten Aspekte angepasste Prüfmethodik kann eine verbesserte Vergleichbarkeit der Prüfsysteme bewirken.

2.3 Berechnungsansätze zur Grübchentragfähigkeit

Calculation Approaches for Pitting Strength

Zur Berechnung der Grübchentragfähigkeit bzw. grübchenkritischer Beanspruchungen von Verzahnungen bestehen verschiedene Berechnungsstandards und Methoden. Es lassen sich zum einen globale, analytisch-phänomenologische und zum anderen lokale, numerisch-werkstoffphysikalische bzw. numerisch-bruchmechanische Berechnungsansätze unterscheiden. Das Ziel aller Methoden ist die Bestimmung der Zahnflankenbeanspruchung der Verzahnung unter Last mit Hilfe eines geeigneten Rechenmodells sowie eine Gegenüberstellung mit einer zulässigen Beanspruchung. Das globale Rechenverfahren, z.B. nach ISO 6336 [ISO06] oder AGMA 2001 [AGMA04] ist in vielen Auslegungsfällen obligatorisch, da es im Gegensatz zu den numerischen Verfahren genormt ist.

2.3.1 Globale Normberechnungsansätze

Global Standardized Calculation Approaches

Nachfolgend wird zur Einordnung der Normmethodik der Grübchentragfähigkeitsnachweis nach ISO 6336 [ISO06] beschrieben. Weitere Normrechenverfahren, z.B. AGMA 2001 [AGMA04] werden nach vergleichbarer Methodik eingesetzt, unterscheiden sich jedoch in Gewichtung und Auswahl der maßgeblichen Einflussgrößen.

Bei der Berechnung der Grübchentragfähigkeit nach [ISO06] handelt es sich um ein globales Rechenverfahren, bei dem die Tragfähigkeit einer Verzahnung hinsichtlich Grübchenbildung anhand eines für die Bauteilgeometrie und -anwendung repräsentativen Beanspruchungskennwerts σ_H sowie eines für den Werkstoff und die Betriebsbedingungen repräsentativen Beanspruchbarkeitskennwert σ_{HP} abgebildet wird. Somit lässt sich der Normtragfähigkeitsnachweis auf den Zusammenhang nach **Formel (2.5)** zusammenführen.

$$S_{H1,2} = \frac{\sigma_{HG1,2}}{\sigma_{H1,2}} > S_{Hmin} \quad \text{mit} \quad \sigma_{HG1,2} = \sigma_{HP1,2} \cdot S_{Hmin} \tag{2.5}$$

Die Berechnung basiert auf der Ermittlung der Hertz'schen Pressung p_H auf der Zahnflanke, die auf die verzahnungsspezifischen Gegebenheiten umgeformt wird. Dabei berücksichtigt die nominelle Flankenpressung σ_{H0} (**Formel (2.6)**) die Belastung der fehlerfreien Verzahnung bei statischem Drehmoment am Wälzkreis. Bis auf die vereinbarten bzw. empirisch ermittelten Kenngrößen Überdeckungsfaktor Z_ε sowie dem nachkorrigierten Schrägenfaktor Z_β [STEI07, ISO08] ergeben sich alle weiteren Faktoren direkt aus der Bestimmung der Hertz'schen Pressung. Eine Umrechnung auf den für die Schädigung maßgeblichen Ort zwischen Wälzpunkt und Einzeleingriffspunkt erfolgt anhand eines Einflussfaktors $Z_{B/D}$ getrennt für Ritzel und Rad. Die zur Berechnung der Flankenpressung σ_H (**Formel (2.7)**) erforderlichen, ergänzenden Lastüberhöhungsfaktoren (K-Faktoren) erweitern die nominelle Flankenpressung σ_{H0} um Effekte zur Berücksichtigung der äußeren Belastung durch geometrische Abweichungen des Eingriffs sowie dynamischer Drehmomentspitzen, **Bild 2.6**.

$$\sigma_{H0} = Z_H \cdot Z_E \cdot Z_\varepsilon \cdot Z_\beta \cdot \sqrt{\frac{F_t}{d_1 \cdot b} \cdot \frac{u+1}{u}} \tag{2.6}$$

$$\sigma_H = Z_{B/D} \cdot \sigma_{H0} \cdot \sqrt{K_A \cdot K_v \cdot K_{H\beta} \cdot K_{H\alpha}} \tag{2.7}$$

Zur Berechnung der Faktoren für die Zahnflankenbeanspruchung existieren die Methoden A bis C. Methode A ist die genaueste Methode, bei der die Faktoren durch genaue Messung und/oder umfassende mathematische Analyse (FEM) des Übertragungssystems und/oder gesicherte Betriebserfahrung bestimmt werden. Aufgrund mangelnder (Forschungs-)Erkenntnisse ist dies aber nur selten möglich. Nach Methode B werden die Faktoren nach einem Verfahren bestimmt, das für die meisten Anwendungsfälle ausreichend genau ist. In Methode C werden für einige Faktoren erweiterte Näherungsverfahren angegeben, für die jeweils zu überprüfen ist, ob die zugrunde liegenden Annahmen für die vorliegenden Verhältnisse zutreffen. Das Spektrum der Anforderungen an die Verzahnung kann hierbei von Verbrauchsgut mit hohem zulässigen Schadensrisiko und kurzer Lebensdauer bis hin zu Schiffsgetrieben mit höchster Betriebssicherheit und sehr langer Lebensdauer variieren, was ein Indiz für die Flexibilität der Norm ist.

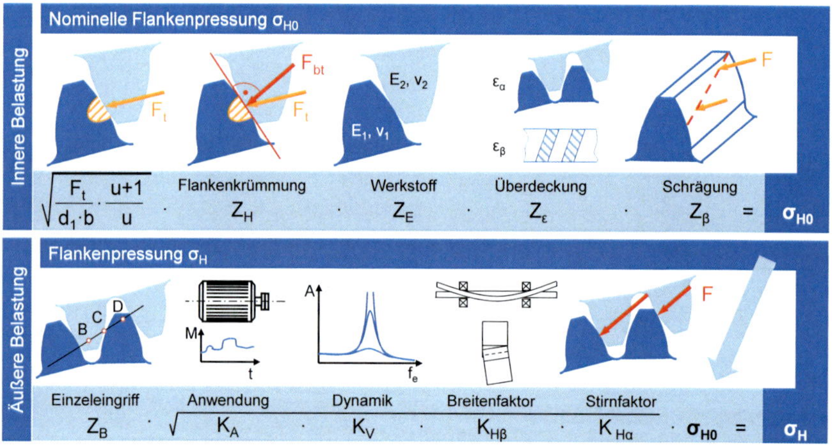

Bild 2.6: Berechnung der Flankenpressung σ_H nach [ISO06]
Calculation of Contact Stress σ_H acc. to [ISO06]

Die Bestimmung der zulässigen Flankenpressung σ_{HP} kann mittels Methode A, B oder B_R durchgeführt werden. Nach Methode A wird die ertragbare Spannungen an der vorliegenden Verzahnung gemessen. Nach Methode B wird die Dauerfestigkeit für die Flankenpressung $\sigma_{H,lim}$ aus Tragfähigkeitsversuchen mit Prüfrädern auf den untersuchten Fall umgerechnet, **Formel (2.8)**. Die Geometrie der Prüfverzahnung entspricht der Standardreferenzgeometrie und kann sich unter Umständen deutlich vom Anwendungsfall unterscheiden. Die Methode B_R unterscheidet sich dadurch von Methode B, dass $\sigma_{H,lim}$ aus Festigkeitsuntersuchungen an Scheiben stammt. Eine Vorgehensweise zur Überführung von Kennwerten des Scheibenversuch in die Normrechnung wird nicht angegeben. Am Ende der Berechnung steht die zulässige Flankenpressung σ_{HP}. Ist die Flankenpressung σ_H kleiner als die zulässige Flankenpressung σ_{HP}, gilt die Verzahnung als betriebsfest. Die minimale Grübchensicherheit

$S_{H,min}$, für die Anhaltspunkte in [NIEM03] zu finden sind, ist in diesem Abgleich bereits eingerechnet.

$$\sigma_{HP} = \frac{\sigma_{Hlim} \cdot Z_{NT}}{S_{Hmin}} Z_L \cdot Z_v \cdot Z_R \cdot Z_W \cdot Z_X \quad (2.8)$$

Die empirischen Einflussfaktoren in der Norm basieren auf Forschungsergebnissen und Betriebserfahrungen. Die einzelnen Einflussfaktoren beeinflussen sich in unabschätzbarem Maße gegenseitig und erschweren eine separate Herauslösung einzelner Kenngrößen zur Berücksichtigung in anderen Rechenwerken. Darüber hinaus handelt es sich jeweils um globale Bewertungskennwerte, anhand derer die Eignung der Makrogeometrie für den Betriebsfall geprüft werden kann. Eine Auslegung und Optimierung von Zahnflankenmodifikationen ist mit dem Normkonzept nicht unmittelbar möglich. Einflüsse aus der Mikrogeometrie werden durch Erfahrungswissen anhand der Sicherheitsfaktoren berücksichtigt.

2.3.2 Lokal-numerische Berechnungsansätze

Local-Numeric Calculation Approaches

Neben den Normberechnungsverfahren existieren vielfältige lokale Konzepte zur Berechnung der Grübchentragfähigkeit. Es erfolgt ein örtlicher Vergleich des vorliegenden Spannungszustands mit einer zulässigen Spannung. Eine erste Anwendung der Vorgehensweise auf Zahnräder erfolgte durch BÖRNECKE [BÖRN76], der den örtlichen Spannungszustand für jeden Punkt in Werkstofftiefenrichtung in eine Vergleichsspannung (Gestaltänderungsenergiehypothese GEH) überführte. Die ermittelte Vergleichsspannung wurde mit einem örtlichen Festigkeitskennwert verglichen, der aus der lokalen Mikrohärte abgeleitet wurde. Grundsätzlich setzen die als lokal bezeichneten Berechnungsansätze in ihrer Grundidee auf dem Konzept der örtlichen Dauerfestigkeit nach [LANG79, MACH82, VELT84] auf.

Zur Ermittlung der Beanspruchungen für eine lokale Tragfähigkeitsberechnung von Zahnrädern eignen sich im Besonderen Zahnkontaktanalyseprogramme, die eine örtliche Berechnung der auftretenden Pressungen in der Kontaktzone erlauben. Unterschieden werden kann insbesondere bzgl. der Einflusszahlengenerierung entsprechend des Berechnungsansatzes nach plattentheoretischen [THOM12], BEM-basierten [SCHL12] und FEM-basierten [CAO02, HEMM07, SCHÄ08, RÖTH12] Berechnungsansätzen. Weiterhin existieren ebenfalls Ansätze, die kommerzielle FEM-Systemen verwenden, z.B. [TEKE12]. FE-Ansätze sind zur Beschreibung der lokalen Steifigkeits- und Beanspruchungsverteilung geometrieunabhängig, flexibel und weisen einen höheren Informationsgehalt (z.B. Spannungstiefenprofile) auf.

Aufbauend auf Arbeiten von TOBIE [TOBI01] zeigte HERTTER [HERT03] ein Vorgehen für den rechnerischen Festigkeitsnachweis vergüteter und einsatzgehärteter Stirnräder. Das lokale Rechenverfahren beruht auf werkstoff-physikalischen Zusammenhängen, was sich insbesondere in der Ableitung der Kennwerte für die zulässige Beanspruchung aus dem örtlich über der Tiefe aufgelösten Mikrohärteverlauf äußert. Somit können über bestehende Normfestigkeitswerte nach ISO 6336 [ISO06] hinaus abweichende Vorgaben für die Einsatzhärtung berücksichtigt werden. Als Eingangsgröße wurden die lokalen Zahnflankenpressungen aus dem Programm RIKOR (Ritzelkorrekturprogramm) [THOM12] verwendet und darauf aufbauend die resultierenden Spannungstensoren nach der Halbraumtheorie ermittelt [OSTE82].

Für die Kontaktbedingungen im Zahnflankenkontakt wurden elastohydrodynamische Bedingungen angenommen [HÖHN95]. In Abhängigkeit der relativen Schmierfilmdicke gemäß des Graufleckenkriteriums nach [SCHR00] wurde der Rauheitseinfluss technischer Oberflächen in Form einer sinusförmigen Oberflächenrauheitsverteilung angenähert [HERT03], **Bild 2.7**. Eine Berücksichtigung tatsächlicher, gemessener Oberflächen erfolgte nicht.

Ausgehend von der äußeren Belastung der Zahnflankenoberfläche erfolgte eine Bestimmung des Spannungsverlaufs im Halbraum unter Normal-, Schub- und Wärmequellenbelastung nach den Ansätzen von [CHEN65, DOWS66, OSTE82]. Ebenfalls wurden Eigenspannungen (gemessen oder aus der Härte nach [LANG89] berechnet) berücksichtigt und die Sekundärbeanspruchung durch Zahnbiegung und Zahnschub mittels analytischer Ersatzmodelle superponiert.

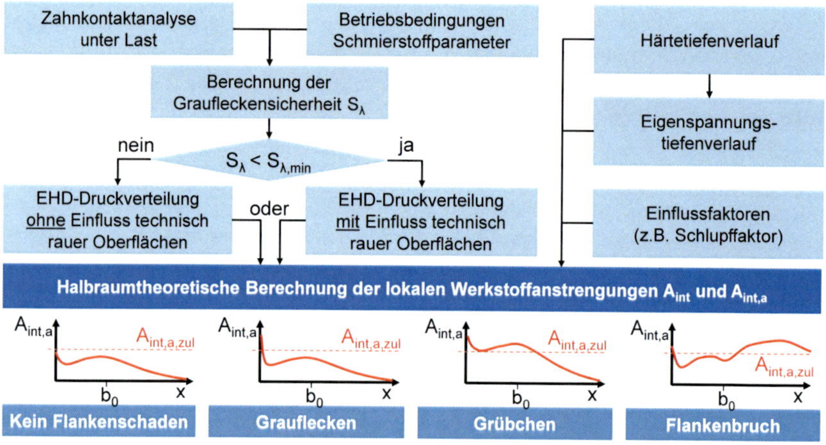

Bild 2.7: Werkstoff-physikalischer Anstrengungsansatz nach [HERT03], [WIRT08]
Material-physical Calculative Approach for Strength of [HERT03], [WIRT08]

Die Beanspruchung im Wälzkontakt ist zeitlich veränderlich und mehrachsig. Die Mehrachsigkeit äußert sich in einer Drehung des Hauptachsensystems hinsichtlich der Orientierung der Hauptspannungen [ELST93]. Darüber hinaus wirkt dem Wälzkontakt eine Beanspruchung durch Biegung und Schub nach [KAGE02]. Die Gestaltänderungsenergiehypothese (GEH) erfasst zwar die Beanspruchungshöhen, allerdings nicht die Mehrachsigkeit der Beanspruchung. Zur Berücksichtigung der zeitlichen Abhängigkeit des Spannungszustands entwickelte HERTTER eine modifizierte Form der Schubspannungsintensitätshypothese (SIH) nach LIU [LIU91], die die besonderen Spannungszustände im Wälzkontakt berücksichtigt [HERT03]. Die Vergleichsspannungshypothese nach LIU [LIU91] beurteilt mit einem integralen Ansatz die Mittelwerte der Anstrengungen aller Schnittebenen (Orientierungen) in einem repräsentativen Volumenelement (Einheitskugel), **Formeln (2.9)** und **(2.10)**.

$$A_{int,a} = \sqrt{\frac{15}{8\pi} \cdot \int_{\gamma=0}^{\pi} \int_{\varphi=0}^{2\pi} [A(\gamma,\varphi)]^2 \cdot sin\gamma \cdot d\varphi d\gamma} \leq 1 \quad (2.9)$$

$$A(\gamma,\varphi) = \sqrt[\mu]{\frac{a \cdot \tau_a^\mu \cdot (1 + m \cdot \tau_m^\mu) + b \cdot \sigma_a^\mu}{\sigma_A^\mu}} \quad (2.10)$$

Die Beurteilung der zulässigen Spannungsamplitude σ_A erfolgte im Haigh-Diagramm. Die zugrunde liegenden Festigkeitskennwerte wurden aus der örtlichen Mikrohärte nach empirischen Korrelationsvorschriften von WINDERLICH und NIEMANN/WINTER [WIND90, NIEM03] für eine Ausfallwahrscheinlichkeit von P_A = 50 % ermittelt. Als Mittelspannung wurde der Eigenspannungszustand berücksichtigt, Lastmittelspannungen wurden in der Anstrengungsrechnung nicht superponiert. Es erfolgte anschließend eine Beurteilung der maximalen Anstrengung gegen Werkstofffließen, d.h. Spannungsumlagerungen bzw. bei erschöpftem Formänderungsvermögen Rissbildung, sowie der dynamischen Anstrengung hinsichtlich Ermüdung. Maßgeblich ist die höhere der beiden Anstrengungen, die einen Grenzwert nicht überschreiten darf.

Für das Verfahren wurde der Ort der maximalen Linienlast über der Werkstofftiefe ausgewertet. Eine Beurteilung des gesamten belasteten Volumens erfolgte nicht. Anhand des Anstrengungstiefenverlaufs ist eine Zuordnung der Schadensform möglich, Bild 2.7. So wurde bei Überanstrengungen im oberflächennahen Randbereich unterhalb der Oberfläche die Schadensform Grübchen zugeordnet. Es wurde angenommen, dass der Riss unterhalb der Oberfläche entsteht und zur Oberfläche wächst. Überanstrengungen in größeren Werkstofftiefen wurden als potenzielle Flankenbrüche und Überanstrengungen unmittelbar an der Oberfläche als potenzielle Graufleckenschädigungen gedeutet. [WIRT08]

Das Modell dient der Berechnung der Anrissgefährdung in einem Volumenelement. Ob eine weitere Schädigung eintritt, hängt vom Risswachstumspotenzial ab, das insbesondere mit dem örtlichen Schlupfzustand korrespondiert. Die Anwendbarkeit des Modells beschränkte HERTTER auf den negativen Schlupfbereich. Die Tragfähigkeit im positiven Schlupfbereich wurde mit zusätzlichen 20 % abgeschätzt. Die Validierung erfolgte anhand einsatzgehärteter Verzahnungen. Vergütete Zahnräder wurden nicht nachgerechnet. Es wurde ein homogenes Material zugrunde gelegt, sodass ein statistischer Größeneinfluss mit dem Modellansatz nicht abgebildet wurde. [HERT03]

Der Modellansatz ist nachfolgend weiterentwickelt worden. WIRTH [WIRT08] übertrug die Methode auf Kegel- und Hypoidräder. Die Pressungsverteilung wurde aus dem Programmsystem BECAL (Bevel Gear Calculation) [SCHL12] entnommen. Der Einfluss z.B. der Gleitverhältnisse (z.B. Schlupf) wurde auf der Festigkeitsseite mittels empirischer Einflussfaktoren erfasst. Ein physikalischer Zusammenhang für die Beanspruchungsüberhöhung im Bereich negativen Schlupfs wurde nicht ermittelt. Eine Übertragbarkeit der Faktoren auf Stirnräder wurde nicht angegeben. Weiterhin erfolgte eine Erweiterung des Modellverständnisses hinsichtlich Graufleckenbildung durch eine integrale Beurteilung der Anstrengung in der äußersten Randschicht [WIRT08]. SCHWIENBACHER erweiterte den Ansatz für Stirnräder hinsichtlich der Berücksichtigung des Verfestigungsvermögens schleifbrandgeschädigter Randzonen [SCHW08].

2.3.3 Rechnerische Erfassung der Aspekte des Größeneinflusses

Calculative Consideration of Size Influence

Die verschiedenen Arten des Größeneinflusses auf die Grübchentragfähigkeit wurden in Abschnitt 2.1.4 eruiert und mit den Charakteristiken des Wälzkontakts gespiegelt. Es stellte sich heraus, dass der statistische und der oberflächentechnische Größeneinfluss von besonderer Bedeutung für den Wälzkontakt sind.

Statistischer Größeneinfluss

Eine Möglichkeit zur Berücksichtigung des statistischen Größeneinflusses in der Tragfähigkeitsberechnung stellt das Fehlstellenmodell nach WEIBULL dar, dass ursprünglich für den Einsatz in sprödharten Keramiken entwickelt wurde, somit allerdings auch für die Beschreibung sprödharter Materialeigenschaften martensitischer Randschichten geeignet ist [WEIB39]. Eine Anwendung auf ungekerbte und gekerbte Stahlproben unter schwingender Beanspruchung ist erfolgt [BOEH82, FRIE98].

Das Fehlstellenmodell folgt der Vorstellung, dass im Volumen und an der Oberfläche statistisch verteilte Fehlstellen in Form von Inhomogenitäten, Ungänzen, Einschlüssen oder Oberflächenrauheiten vorliegen, die potenziellen Anrissen entsprechen. Mit steigender Bauteilgröße nimmt die Anzahl der Fehlstellen zu und somit die Wahrscheinlichkeit, dass an einer Fehlstelle die ertragbare Beanspruchung überschritten wird und es zu einer schädigenden Rissbildung kommt. Da in sprödharten, martensitischen Schichten die Spannungen an Rissspitzen nicht durch Plastifizierung gemildert werden, genügt eine einzelne Fehlstelle zum vollständigen Bauteilversagen. Daher wird das Fehlstellenmodell als „Weakest-Link-Modell" bezeichnet. Die Berücksichtigung der Bauteilgröße erfolgt über das Probenvolumen V, **Formel (2.11)**.

$$P_{\ddot{U}} = 2^{-\frac{V}{V_0}\left(\frac{\sigma_V}{\sigma_A}\right)^k} \qquad (2.11)$$

Der Weibullparameter k ist ein Kennwert für die Überlebenswahrscheinlichkeitsverteilung und ist als Bauteilkennwert abhängig vom Werkstoffzustand, der Spannungsverteilung und dem Spannungsverlauf [BRÖM05]. Eine Forderung dieses Ansatzes ist es, dass die Last und Festigkeit gleichmäßig über das Volumen verteilt sein muss. Damit berücksichtigt der Ansatz in der dargestellten Form die inhomogenen Materialeigenschaften oder Eigenspannungen nicht wirkungsgemäß. Die Anwendung auf Wälzkontakte gelingt trotz des Spannungsgradienten für vergütete Werkstoffe. Für einsatzgehärtete Güten erschweren die zusätzlichen Festigkeitsgradienten die Beschreibung mit diesem Ansatz [GOHR82].

Oberflächentechnischer Größeneinfluss

Der unterschiedlichen relativen Tiefenwirkung einer Oberflächenverfestigung bei steigender Bauteilgröße wird durch die Anwendung lokal aufgelöster Anstrengungsberechnungen begegnet. Das zugrunde liegende Konzept der örtlichen Dauerfestigkeit vergleicht eine lokal anliegende Spannung mit der aus den Werkstoffeigenschaften resultierenden Festigkeit [BÖRN76, VELT84]. Durch die Auflösung über der Ortskoordinate (x,y,z) im Volumen ist es möglich, die infolge unterschiedlicher Bauteilgrößen auftretenden relativen Tiefenwirkungen der Oberflächenverfestigung berücksichtigbar zu machen, **Formel (2.12)**.

$$A(x,y,z) = \frac{\sigma_v(x,y,z)}{\sigma_A(x,y,z)} \tag{2.12}$$

Überschreitet die Anstrengung den Wert 1, wird eine lokale Rissbildung erwartet, die zum Bauteilversagen führt. Zur Ermittlung der Kennwerte für die zulässige Spannung wird der Härtetiefenverlauf zugrunde gelegt [BÖRN76]. Gemäß der Gesetzmäßigkeiten im Haigh-Diagramm werden lokale Eigenspannungen als wirksame Mittelspannungen überlagert [HERT03, ZUBE08]. Die Ermittlung der wirksamen Vergleichsspannung erfolgt entweder mit FEM-Analysen oder nach der Halbraumtheorie.

Erweitertes Fehlstellenmodell

Die Kombination des oberflächentechnischen und statistischen Größeneinflusses erfolgte durch ZUBER im erweiterten Fehlstellenmodell für die Zahnfußtragfähigkeitsberechnung [ZUBE08]. Dazu wurde die lokale Anstrengung für jedes Volumenelement in der beanspruchten Zone gemäß Formel (2.12) bestimmt. Die lokale Auflösung über der Werkstofftiefe erlaubte eine Lokalisierung potenzieller Rissbildungsorte und bot einen Ansatz zur funktionsgerechten Auslegung des aus der Wärmebehandlung resultierenden Härtetiefenprofils. Aus dem örtlich aufgelösten Härtetiefenverlauf konnten mit dem Ansatz von BRÖMSEN ebenfalls die lokalen Weibullkoeffizienten für die Berechnung der Überlebenswahrscheinlichkeit errechnet werden [BRÖM05]. Die lokale Überlebenswahrscheinlichkeit wurde nach Formel (2.11) zusammengeführt berechnet, indem die mit dem Weibullparameter gewichtete Anstrengung über ein festgelegtes Inkrement integriert wird, **Bild 2.8**. Anschließend wurde die Gesamtbauteilüberlebenswahrscheinlichkeit durch die Multiplikation der lokalen Einzelüberlebenswahrscheinlichkeiten ermittelt. Somit wurde auf Basis eines lokalen Rechenansatz aus den Einzelkennwerten ein Gesamtfestigkeitskennwert für die analysierte Komponente abgeleitet. Die zur Berechnung der Bauteilüberlebenswahrscheinlichkeit beschriebene Vorgehensweise erlaubte in besonderer Weise die Berücksichtigung des statistischen Größeneinflusses. Die Berechnung wurde getrennt für das Bauteilvolumen und die Bauteiloberfläche durchgeführt, sodass sich die Gesamtüberlebenswahrscheinlichkeit nach **Formel (2.13)** ergab.

$$P_{Ü,ges} = P_{Ü,Volumen} \cdot P_{Ü,Oberfläche} \tag{2.13}$$

Die lokale Anwendung eines Fehlstellenmodells für einsatzgehärtete Bauteile hinsichtlich der Zahnfußtragfähigkeit lieferte vielversprechende Ergebnisse [ZUBE08].

Eine Anwendung auf den Wälzkontakt erfolgte bislang nicht und stellt eine zentrale Forschungsfrage dar.

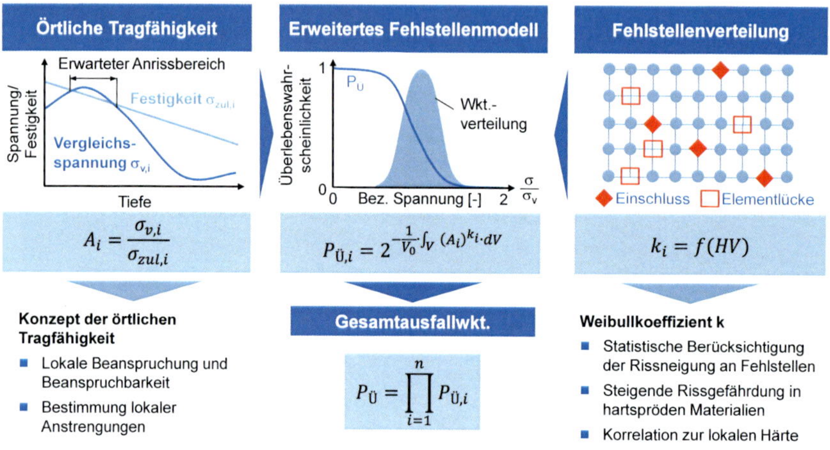

Bild 2.8: Konzept des erweiterten Fehlstellenmodells [ZUBE08]
Concept of Enhanced Weakest Link Model [ZUBE08]

2.4 Fazit zum Stand der Technik in Wissenschaft und Industrie

Conclusion of State of the Art in Research and Industry

Im Abschnitt „Stand der Technik in Wissenschaft und Industrie“ wurden Ermüdungsschäden der Zahnflanke und mögliche Entstehungsursachen zusammengeführt. Die Wälzermüdung wird im Wälzkontakt durch einen mehrachsigen, zeitlich veränderlichen Beanspruchungszustand hervorgerufen [ELST93]. Für gängige Zahnradwerkstoffsysteme wird die Lebensdauer maßgeblich durch einen Grübchenschaden begrenzt [NIEM03]. Grübchen entstehen, wenn die lokale Wälzfestigkeit des Werkstoffsubstrats überschritten wird [BÖRN76].

Die Berechnung der Grübchentragfähigkeit folgt im Allgemeinen der im Normtragfähigkeitsnachweis [ISO06] geschilderten Vorgehensweise. Die Normberechnung der Grübchentragfähigkeit führt zu einer guten Übereinstimmung insbesondere im Bereich der Standardreferenzverzahnung und -betriebsbedingungen. Die Berücksichtigung von Einflussgrößen auf die Grübchentragfähigkeit erfolgt vollständig empirisch. Es erfolgt keine Berechnung eines kritischen Spannungszustands, sondern eine Beanspruchungsberechnung auf Grundlage der Hertz'schen Pressungstheorie, der versuchstechnisch an Zahnrädern ermittelte Festigkeitskennwerte gegenübergestellt werden. Weitere Einflüsse werden in empirisch ermittelten oder vereinbarten Einflussfaktoren berücksichtigt, die sich in unabschätzbarem Maße gegenseitig beeinflussen. Eine direkte Übertragbarkeit auf beliebige wälzbeanspruchte Komponenten ist unmöglich.

Die Wirkungsweise von Zahnflankenmodifikationen lässt sich anhand von global beschriebenen Kennwerten nach Norm [ISO06] nicht beschreiben. Zur Optimierung von Zahnflankenmodifikationen haben sich daher für einzelne Zahnradtypen lokale Rechenverfahren, wie die Zahnkontaktanalyse, entwickelt. Mit der Zahnkontaktanalyse können unter anderem die Hertz'sche Pressungsverteilung sowie die kinematischen Kontaktgrößen bestimmt werden. In der Berechnung von Reibwerten bestehen Unsicherheiten. Der Reibkoeffizient kann über dem Schlupf erhebliche Veränderungen erfahren. In aktuellen empirisch-analytischen Reibansätzen wird der Schlupfeinfluss vernachlässigt bzw. nicht wirkungsgemäß berücksichtigt [EISE66, BENE61, NARU86, SCHL95], was die lokale Berechnung der Tangentialbeanspruchung in Zahnflankenkontakten erschwert. Weiterhin bewerten diese Rechenansätze häufig gemittelte Messungen an einer Zielkomponente (z.B. Stirnrad über dem Gesamteingriff) und sind daher nicht lokal anwendbar. Für die geometrieunabhängige Bestimmung der Grübchentragfähigkeit ist die Kenntnis des lokalen, schlupfabhängigen Reibwerts notwendig.

Aufbauend auf der Kenntnis der äußeren, lokalen Kontaktbelastung existieren lokale Ansätze zur Berechnung der örtlichen Wälzfestigkeit [BÖRN76]. In bestehende Modelle zur Zahnflankengrübchenberechnung gehen die Ausgabegrößen einer Zahnkontaktanalyse ein und werden zur Berechnung von lokalen Anstrengungen genutzt. In einigen Ansätzen ist die Berechnung auf bestimmte Flankenbereiche, wie dem Bereich negativen Schlupfs, beschränkt und es wird nur der Ort maximaler Linienlast ausgewertet [HERT03]. Damit werden wichtige Wechselwirkungen mit weiteren kritischen Beanspruchungszuständen an anderen Kontaktpunkten vernachlässigt. In anderen Fällen werden empirische, an die analysierte Zahnradgeometrie gebundene Einflussfaktoren in die Berechnung eingebunden, sodass auf dieser Basis alle Kontaktpunkte analysiert werden können [WIRT08]. Durch die Verwendung empirischer Einflussfaktoren wird eine direkte Übertragung der Rechenverfahren auf weitere wälzbeanspruchte Maschinenelemente erschwert. Somit muss für jede Komponentenart eine Adaption bzw. Umformulierung des Rechenverfahrens erfolgen. Weiterhin erfolgt keine Zusammenführung der lokal ermittelten Einzelergebnisse zu einem globalen Gesamtkennwert. Das zeigt den Forschungsbedarf nach einem allgemeinen Modellansatz auf, der auf beliebige Wälzkontakte überführbar ist.

Bislang erfolgte die Untersuchung und Berechnung des Reib- und Wälzfestigkeitsverhaltens getrennt nach unterschiedlichen Maschinenelementen sowie deren Analogieprüfgeometrien. Eine quantitative Übertragbarkeit konnte nicht gezeigt werden. Beispielsweise wurden im Zwei-Scheibenkontakt geringere Reibwerte und höhere ertragbare Pressungen als im Zahnflankenkontakt beobachtet [MICH87, BUGI09, MAYE14, BAGH15]. Allerdings waren die zugrunde gelegten Kontaktbedingungen hinsichtlich der Kontaktmikrogeometrie, der Krümmungsradien sowie eines möglichen vorzeitigen Eingriffs im Zahnflankenkontakt nicht vergleichbar. Mit den abweichenden Ergebnissen sind Vorbehalte in der Absicherung von Zahnradauslegungen auf Grundlage des Zwei-Scheibenversuchs verbunden. Der Nachweis der lokalen Äquivalenz von Wälzkontakten mit gleicher örtlicher Beanspruchung kann hier ein

Potenzial zu einer Übertragung zwischen Analogie- und Zahnflankenversuch aufzeigen. Eine verbesserte Annäherung der Scheibengeometrie und Prüfprozedur an den Zahnflankenkontakt kann zu verbesserten Ergebnissen hinsichtlich des Vergleichs unterschiedlicher Prüfsysteme führen.

Ein wesentliches Erweiterungspotenzial für die lokale Wälzfestigkeitsberechnung besteht hinsichtlich der Berücksichtigung des statistischen Größeneinflusses. Mit der Berücksichtigung des Größeneinflusses kann insbesondere ein Verständnis für die aktuell vorliegenden Unterschiede in der Grübchentragfähigkeit unterschiedlicher Zahnradgrößen verbunden sein. Zur Quantifizierung des Größeneinflusses ist ein lokaler Ansatz notwendig. Eine Methodik entsprechend des erweiterten Fehlstellenmodells nach [ZUBE08] ist für den zahnradtypischen Wälzkontakt aktuell nicht Stand der Forschung. Eine solche Vorgehensweise erlaubt es jedoch, lokal ermittelte Kenngrößen (lokale Überlebenswahrscheinlichkeiten) in einen Gesamtbauteilkennwert (Gesamtüberlebenswahrscheinlichkeit) zusammenzuführen und damit eine eindeutige Aussage zur Bauteiltragfähigkeit zu treffen, was insbesondere für die Normfähigkeit von lokalen Berechnungsansätzen von Bedeutung ist.

3 Zielsetzung und Vorgehensweise

Objectives and Modus Operandi

3.1 Zielsetzung

Objectives

Im Stand der Technik wurden Ansätze vorgestellt, die über die Normtragfähigkeitsberechnung hinaus eine lokale Zahnflankentragfähigkeitsberechnung ermöglichen. Allerdings sind die einzelnen Methoden speziell für einzelne Zahnradtypen (z.B. Stirnräder, Kegel- und Hypoidräder) oder Auswertebereiche (negativer Schlupfbereich) zulässig und nutzen geometriespezifische Einflussfaktoren. Eine allgemeingültige, lokale Berechnungsmethode für die Ermüdungstragfähigkeit im Wälzkontakt existiert nicht. Zudem wird der Größeneinfluss in den lokalen Berechnungsansätzen nicht berücksichtigt. Die Gleichwertigkeit von Wälzkontakten bei lokal gleichen Beanspruchungen (lokale Äquivalenz) konnte noch nicht nachgewiesen werden.

Das Ziel der vorliegenden Arbeit ist eine allgemeine, lokale Berechnungsmethode für die Ermüdungstragfähigkeit im Wälzkontakt für einsatzgehärtete Maschinenelemente. Die Methode soll durch die Applikation des erweiterten Fehlstellenmodells nach [ZUBE08] den Größeneinfluss in der Ermüdungstragfähigkeit berücksichtigen. Für eine flexible Berechnung unterschiedlicher Wälzkontakte sollen geometrieungebundene Rechenmethoden (z.B. FEM) genutzt werden. Am Beispiel der vergleichenden Analyse des Geradstirnradzahnflankenversuchs und Zwei-Scheibenversuchs wird die Methode validiert. Aus der Zielsetzung leitet sich die Forschungshypothese ab:

These: Bei Äquivalenz der lokalen Anstrengungsverteilung im Wälzkontakt resultiert unabhängig vom Maschinenelement die gleiche Dauerfestigkeit.

Die Originalität der Rechenmethode liegt in der Unabhängigkeit von einem speziellen Maschinenelement sowie der Ermittlung eines globalen Gesamtbauteilkennwerts (Gesamtüberlebenswahrscheinlichkeit) auf Grundlage einer lokal aufgelösten Anstrengungsberechnung. Dazu sollen die örtlich und zeitlich aufgelösten Oberflächen- und Volumenbeanspruchungen im Wälzkontakt präzise bestimmt werden. Die wirtschaftlich-technische Bedeutung liegt in der Identifikation eines quantitativ äquivalenten Analogieversuchs zum Zahnflankenversuch, der verringerte Prüfkosten verursacht. Zusammenfassend werden folgende Forschungsfragen untersucht:

Frage 1: Sind verschiedene, wälzbeanspruchte Maschinenelemente (z.B. Scheibe und Zahnflanke) bzgl. der lokalen Reib- und Ermüdungsvorgänge im Experiment quantitativ äquivalent?

Frage 2: Eignen sich numerische Methoden im Konvergenzbereich zur Wälzfestigkeitsberechnung unter Nutzung des erweiterten Fehlstellenmodells bei Trennung der Volumen- und Oberflächenbeanspruchung?

Frage 3: Erlaubt die Wälzfestigkeitsberechnungsmethode die allgemeine, quantitative Bewertung der Wälzfestigkeit unterschiedlicher Maschinenelemente?

3.2 Vorgehensweise

Modus Operandi

In Kapitel 4 werden die Grundlagen der nachfolgenden Betrachtungen geschaffen, indem die Forschungsmethodik für die Arbeit zusammengeführt wird. Weiterhin werden neben den Prüfeinrichtungen und Prüfkörpergeometrien ebenfalls die den Berechnungen zugrunde liegenden Programmsysteme beschrieben.

Die beiden nachfolgenden Kapitel 5 und Kapitel 6 dienen der Klärung der Forschungsfrage 1. In Versuchsreihen am WZL-Reibkrafttribometer sowie am WZL-Zwei-Scheiben-Wälzfestigkeitsprüfstand werden unterschiedliche Einflussgrößen auf das Reibungs- und Tragfähigkeitsverhalten analysiert. Aus den Reibuntersuchungen wird ein empirisch-analytischer Ansatz zur Berechnung des Reibkoeffizienten im Zwei-Scheibenkontakt abgeleitet, der im Besonderen den Schlupfeinfluss berücksichtigt. Auf Grundlage vorhandener Messreihen in [WIMM06] wird die lokale Überführbarkeit des Reibansatzes auf die Zahnflanke geprüft. Weiterhin erfolgt für eine Auswahl von Beanspruchungskombinationen die Untersuchung des Ermüdungsverhaltens im Zwei-Scheibenkontakt. Durch einen Abgleich mit Versuchen am Zahnrad wird die Unabhängigkeit der Wälzfestigkeit von der Kontaktgeometrie bei gleichen lokalen Beanspruchungen und Beanspruchbarkeiten untersucht. Im Rahmen der prüfstandstechnischen Gegebenheiten wird eine gute Vergleichbarkeit hinsichtlich der Prüfkontaktgeometrie und der Prüfbedingungen fokussiert.

Im darauffolgenden Abschnitt 7 erfolgt eine Analyse der Forschungsfrage 2. Es wird eine Methode zur Berechnung der Wälzfestigkeit unter Berücksichtigung des Größeneinflusses konzeptioniert und definiert. Dazu wird ein 3D-FEM-Modell für die thermo-mechanische Simulation der Volumenspannungen im Wälzkontakt entwickelt und verifiziert. Zur Abbildung der Oberflächenbeanspruchungen wird auf Grundlage der Halbraumtheorie ein Oberflächenkontaktmodell für den gesamten Kontaktbereich unter Berücksichtigung real vermessener Topografien entwickelt. Die erforderlichen Eingangsgrößen für die Modelle werden aus den Versuchsreihen in Kapitel 6 gewonnen. Die sich jeweils ergebenden Beanspruchungszustände werden mit der örtlichen Festigkeit abgeglichen, sodass lokale Anstrengungen berechnet werden. Anschließend erfolgt die Anwendung einer Weiterentwicklung des erweiterten Fehlstellenmodells nach [ZUBE08] für den Wälzkontakt zur Beurteilung des Einflusses der Größe des wälzbeanspruchten Volumens.

Die Analysen in Abschnitt 7 dienen der Beantwortung der Forschungsfrage 3. Auf Grundlage der Berechnungsmethode für den Zwei-Scheibenkontakt werden Verzahnungen analysiert. Dazu wird die Berechnungsmethode unter Berücksichtigung der gegenüber dem Zwei-Scheibenkontakt resultierenden Zusatzbeanspruchungen im Zahnflankenkontakt optimiert. Abschließend werden die im Rahmen der Arbeit untersuchte Verzahnung sowie weitere Versuchsreihen aus dem Stand des Wissens nachgerechnet. Auf dieser Basis wird die quantitative Äquivalenz von Zahnflankenversuch und Analogieversuch rechnerisch validiert.

4 Forschungsmethodik

Research Methodology

Im nachfolgenden Kapitel erfolgt eine Beschreibung der Forschungsmethodik der vorliegenden Arbeit. Dazu werden zum einen die Modellvorstellung sowie Systemgrenzen beschrieben, innerhalb derer die Wälzfestigkeit analysiert wird. Weiterhin werden die experimentellen und simulativen Analysegrundlagen angegeben.

4.1 Modellvorstellung und Systemgrenzen

Model Concept and System Boundaries

Die Wälzfestigkeit eines Maschinenelements wurde für die vorliegenden Arbeit als diejenige Festigkeit definiert, bei der eine Komponente eine spannungsmechanische Beanspruchung der oberflächennahen Randschicht infolge einer sich wiederholenden Wälzbewegung (Rollen und überlagertes Gleiten) mit einer definierten Überlebenswahrscheinlichkeit ohne eine Grübchenschädigung für eine festgelegte Anzahl von Lastwechseln dauerfest ertragen kann. Es wurde die These formuliert, dass die Wälzfestigkeit eines Maschinenelements nur von der lokalen Anstrengung abhängig ist und somit komponentenunabhängig eine Wälzermüdung beim örtlichen Auftreten einer ermüdungskritischen Anstrengung eintritt (lokale Äquivalenz der Ermüdung). Folglich kann bei Kenntnis der örtlichen Materialfestigkeit sowie der durch Kraft- und kinematische Belastungen resultierenden lokalen Spannungstensoren die Wälzfestigkeit für jedes wälzbeanspruchte Maschinenelement gleichermaßen ermittelt werden, **Bild 4.1**. Ein vor diesem Hintergrund gewählter Formulierungsansatz ist für beliebige Wälzkontakte anwendbar. Die Forschungsmethodik ist deduktiv.

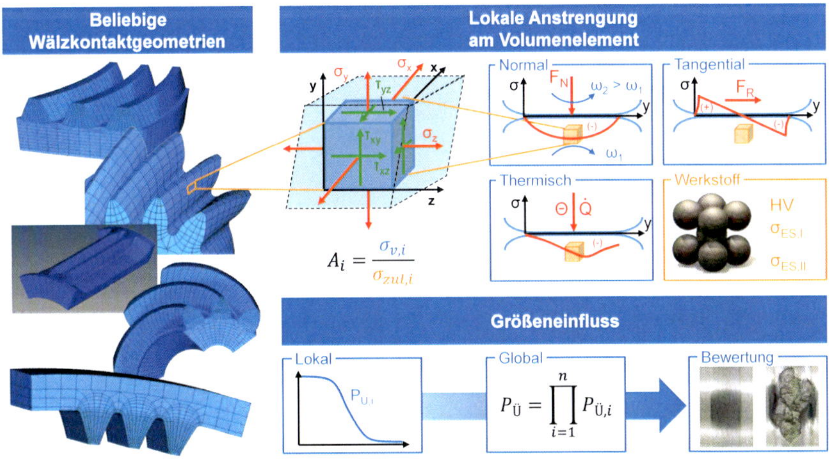

Bild 4.1: Modellvorstellung zur allgemeinen Wälzfestigkeitsberechnung
Model Concept for General Rolling Contact Fatigue Calculation

Für jedes Volumenelement muss der Spannungstensor infolge der äußeren Belastungen und inneren Beanspruchungen ermittelt werden. Dazu sind die aus der Normal- und Tangentialbelastung resultierenden mechanischen Spannungen an jedem Ort der belasteten Randzone unter Berücksichtigung der Kontaktgeometrie zu berechnen. Aus der Reibtangentialbeanspruchung resultiert ebenfalls eine thermische Beanspruchung, die dem Spannungstensor überlagert ist und quantifiziert werden muss. Als innere Beanspruchung sind dem Spannungszustand die aus der Fertigungshistorie resultierenden lokalen Eigenspannungen zu superponieren.

Mit einer geeigneten Vergleichsspannungshypothese, die die Besonderheiten des Wälzkontakts berücksichtigt, sind lokale Anstrengungen zu bestimmen, die ein Maß für das örtliche Ermüdungsrisiko sind. Die Gewichtung der örtlichen Anstrengungen erfolgt lokal im erweiterten Fehlstellenmodell. Das Ergebnis sind lokale Überlebenswahrscheinlichkeiten. Die Berücksichtigung der Bauteilgröße erfolgt durch Multiplikation der Einzelüberlebenswahrscheinlichkeiten. Das Ergebnis wird zur Vorhersage der Wälzfestigkeit genutzt.

Die Einflussgrößen auf die Grübchenbildung lassen sich grundsätzlich den Belastungen bzw. Beanspruchungen, Kontaktbedingungen und Werkstoffeigenschaften zuordnen, **Bild 4.2**. Die dunkel gekennzeichneten Eingangsgrößen wurden innerhalb der Modellbildung adressiert, alle weiteren Parameter konstant gesetzt. Anhand der errechneten Überlebenswahrscheinlichkeit erfolgte die Bewertung der Wälzfestigkeit.

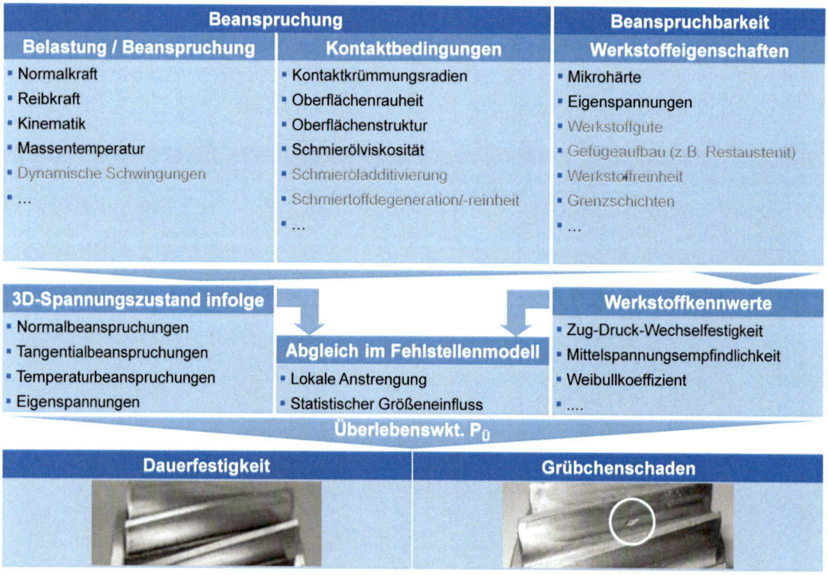

Bild 4.2: Systemabgrenzung und Grundmodell bezogen auf ein Zahnrad
System Boundaries and General Model Referenced on a Gear

4.2 Prüfeinrichtungen

Testing Facilities

Die experimentellen Untersuchungen fanden auf Zwei-Scheiben-Prüfständen und Zwei-Wellen-Zahnradverspannungsprüfständen statt. Die Untersuchung des Zwei-Scheibenkontakts erlaubt eine eindeutige Einstellung der tribologischen Kontaktbedingungen (Geschwindigkeiten, Pressungen, Temperaturen, Ölzufuhr, etc.) und ist besonders zur Analyse eines festgelegten Beanspruchungszustands geeignet. Gegenüber dem Zahnflankenkontakt stellt sich beim Zwei-Scheibenkontakt ein tribologisch quasistationärer Beanspruchungszustand ein. Eine quantitative Überführbarkeit der Ergebnisse im Zwei-Scheibenkontakt auf das zeitlich veränderliche Tribosystem Zahnrad ist aktuell nicht nachgewiesen und Teilziel der Arbeit. Bestehende Untersuchungen lassen darauf schließen, dass der Analogieversuch qualitative Rückschlüsse auf die Zahnflanke zulässt [HURA04, BUGI09, BAGH15]. Zur Analyse der lokalen Äquivalenz der Wälzermüdung wurden ebenfalls Untersuchungen auf einem Zahnradverspannungsprüfstand durchgeführt.

4.2.1 WZL-Zwei-Scheiben-Wälzfestigkeitsprüfstand

WZL-Two-Disk Rolling Contact Fatigue Test Rig

Mit dem WZL-Zwei-Scheiben-Wälzfestigkeitsprüfstand wurden Tragfähigkeitsuntersuchungen an achsparallel angeordneten Scheiben durchgeführt, **Bild 4.3**. In der Prüfzelle (5) wurde das tribologische Kontaktverhalten von einer Prüfwelle (1) mit einer Gegenwelle (2) untersucht. Die Prüfwelle war zylindrisch ausgeführt, während die Gegenwelle einen Balligkeitsradius in axialer Richtung aufwies, um bei den technischen Prüfstandsgegebenheiten schädigungsrelevante Pressungen aufbringen zu können. Bei einsatzgehärteten Wälzkörpern wurde bei Nutzung einer Linienkontaktgeometrie die Entstehung von Grübchen am Laufbahnrand infolge von Randspannungsüberhöhungen beobachtet [VOLG91], die mit der balligen Gegenwelle vermieden werden konnte. Ein weiterer Vorteil der balligen Prüfgeometrie war die geringe Abhängigkeit der Versuchsergebnisse von der axialen Positionierung der Prüf- und Gegenrolle infolge der Ausbildung eines theoretischen Punktkontakts. Nachteilig war der sich örtlich einstellende lokale Verschleiß am Kontaktpunkt, der degressiv abnahm, bis sich ein Beharrungszustand einstellte, vgl. [HURA04]. Dieser Effekt führte zu einer Verbreiterung der Laufbahn und damit abnehmenden Hertz'schen Pressungen bei konstanter Prüflast über der Laufzeit, siehe [RÖSC76]. Der Antrieb des Prüfsystems erfolgte über einen polumschaltbaren Elektromotor (3) mit einer Antriebsdrehzahl von $n = 3000 / 1500\ \text{min}^{-1}$ und einen Riementrieb. Der vom Zahnflankenkontakt abgeleitete Schlupfzustand der kontaktierenden Oberflächen wurde über ein zwischen Antriebsmotor und Prüfzelle eingebundenes Schlupfgetriebe (7) realisiert. Durch Wahl der Getriebestufenübersetzung war eine Schlupfeinstellung in diskreten Schritten im Bereich von $s = -80 \ldots +45\ \%$ möglich. Die Aufbringung der Prüflast erfolgte über einen hydraulischen Druckzylinder (3) der über ein Druckhydraulikaggregat (9) angesteuert wurde. Von dort wurde über ein Hebelsystem eine Normalkraft

(4) bis $F_{N,max}$ = 16 kN im Scheibenkontakt eingeleitet. Die hohe Leistungsdichte hydraulischer Systeme erlaubt es, für übliche Kontaktkrümmungen praxisnahe Pressungsbeträge zu erzielen. Über einen Druckspeicher (8) wurde die Prüflast konstant gehalten. Die Schmierölzuführung (10) erfolgte mittels Einspritzschmierung mit einem Volumenstrom von bis zu $Q_{Öl,max}$ = 5 l/min und einer maximalen Einspritztemperatur von $T_{Öl,max}$ = 120 °C.

- **Kenndaten**

a	=	42,05 mm
$F_{N,max}$	=	16 kN
n	=	1500 / 3000 min^{-1}
s	=	-80 ... 45 %
$Q_{Öl,max}$	=	5 l/min
$T_{Öl,max}$	=	120 °C

- **Legende**

1 Prüfwelle (zylindrisch)
2 Gegenwelle (ballig)
3 Druckzylinder
4 Andruckhebel
5 Prüfgehäuse
6 Antriebsmotor
7 Schlupfgetriebe
8 Druckspeicher
9 Druckhydraulikaggregat
10 Schmierstoffumlauf

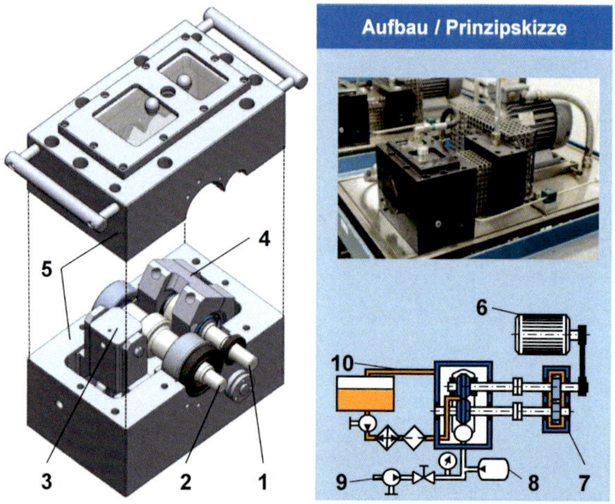

Bild 4.3: WZL-Zwei-Scheiben-Wälzfestigkeitsprüfstand
WZL Two-Disk Rolling Contact Fatigue Test Rig

4.2.2 WZL-Reibkrafttribometer

WZL-Friction Force Tribometer

Beim WZL-Reibkrafttribometer handelt es sich um eine Variante des WZL-Zwei-Scheiben-Wälzfestigkeitsprüfstands mit erweiterter Messtechnik zur Erfassung zusätzlicher Belastungskenngrößen im Scheibenkontakt, **Bild 4.4**. Bei diesem Prüfstand wurden gegenüber dem Prüfkonzept mit Schlupfgetriebe die Prüf- und Gegenwelle über zwei separate Elektromotoren angetrieben, was unter Berücksichtigung der Motorkennlinie eine stufenlose Schlupfeinstellung im Bereich von s = -525 ... +84 % ermöglichte. Es ließen sich Drehzahlen zwischen N = 400 ... 2500 min^{-1} einstellen, die über die Wahl der Riemenscheiben in andere Bereiche übersetzt werden konnten. Die Prüf- und die Gegenwelle waren übereinander liegend angeordnet. Der Kolbenhub des Hydraulikzylinders ermöglichte über die Hebelwirkung der Andruckschwinge die Einstellung einer definierten Normalkraft im Kontakt von maximal $F_{N,max}$ = 9 kN, welche die gewünschte Hertz'sche Pressung im Kontaktbereich der Prüflinge erzeugte. Die unten liegende Gegenwelle war über Blattfedern mit dem Prüfstandgehäuse verbunden. Die resultierende Nachgiebigkeit in horizontaler Richtung erlaubte eine Auslenkung der unteren Rolle durch die entstehenden Reibtangentialkräfte. Demgegenüber führte die Steifigkeit in vertikaler Richtung zu vernachlässigbaren Dehnungen in Normalkraftrichtung, sodass die

Reibkraft über einen DMS-Aufnehmer präzise gemessen werden konnte. Die Steifigkeit des Kraftaufnehmers war hoch gewählt, sodass die Gegenwelle in ihrer Ausgangslage zur Prüfwelle gehalten wurde. Aus dem umgeformten Messsignal ließ sich der Reibwert nach dem Coulomb'schen Reibgesetz bestimmen, **Formel (4.1)**.

$$F_R = \mu \cdot F_N \tag{4.1}$$

Zusätzlich war die Erfassung von Massentemperaturen der Prüfkörper mit einem unterhalb der Lauffläche eingelassenen Pt100-Widerstandselement möglich. Alle weiteren Bestandteile des Prüfstands entsprachen dem in Abschnitt 4.2.1 vorgestellten WZL-Zwei-Scheiben-Wälzfestigkeitsprüfstand.

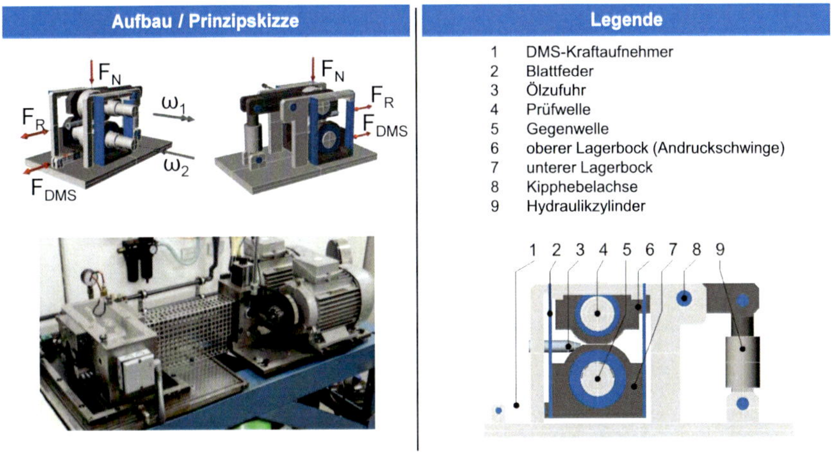

Bild 4.4: WZL-Reibkrafttribometer
WZL Friction Force Tribometer

4.2.3 Zwei-Wellen-Zahnradverspannungsprüfstand

Two Shaft Power Circulation Test Rig

Der Zwei-Wellen-Verspannungsprüfstand nach [DIN06a] ermöglicht infolge seiner Standardisierung eine vereinheitlichte Möglichkeit zur Durchführung von Zahnradtragfähigkeitsuntersuchungen [WINT79]. Die Besonderheit bei diesem Prüfprinzip stellt der Leistungskreislauf dar, der den Betrieb des Prüfstands bei hohen mechanischen Prüfdrehmomenten mit geringer elektrischer Antriebsleistung erlaubt. Der Aufbau besteht aus einem Prüfgetriebe und einem Übertragungsgetriebe mit gleicher Übersetzung, die über zwei parallele Wellen verbunden sind, **Bild 4.5**. Die Einstellung des jeweiligen Belastungsmoments erfolgt über eine Verspannkupplung im Leistungskreislauf der Prüfmaschine. Über die Verdrehung der Torsionswelle wird das Drehmoment im Kreislauf aufrecht erhalten.

Die Aufbringung des Prüfdrehmoments erfolgte mit Gewichten. Dazu wurde zunächst eine Hälfte der Verspannkupplung mittels eines Bolzens arretiert. Anschließend erfolgte die Verdrehung der anderen Hälfte durch die Montage eines Belastungshebels und Anhängen von Gewichtsstücken. Zur Bestimmung des so erzeugten Moments wurde der Dehnungszustand der Torsionswelle mithilfe einer DMS-Vollbrücke erfasst und anhand der Kalibrierkurve in das Drehmoment umgerechnet.

- Prüfdrehmoment durch Verdrehen und Schließen der Belastungskupplung (Hebelarm mit Gewichten)
- Leistungskreislauf aus Übertragungsgetriebe, Prüfgetriebe und Torsionswelle
- Achsabstand 91,5 mm
- Drehmomenterfassung mit kalibrierter DMS-Vollbrücke auf Torsionswelle

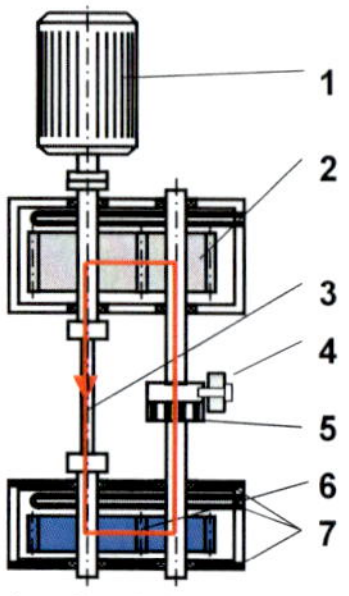

1 Antriebsmotor
2 Übertragungsgetriebe
3 Torsionswelle
4 Arretierbolzen
5 Verspannkupplung
6 Prüfverzahnung
7 Heizung/Kühlung

Bild 4.5: Zwei-Wellen-Verspannungsprüfstand

Two-Shaft Back-to-Back Test Rig

4.3 Versuchsmaterialien

Testing Material

Sowohl für die Untersuchungen an Scheiben als auch für die Untersuchungen an Zahnrädern wurden zielsetzungsgerecht ausgelegte Prüfkörper eingesetzt. Die Prüfkörpergeometrie und Bauteileigenschaften der einzelnen Prüfkörper sind nachfolgend zusammengeführt.

4.3.1 Analogieprüfkörper

Test Parts for Analogy Tests

Werkstoffdaten und Wärmebehandlung

Die experimentellen Untersuchungen im Analogieversuch erfolgten mit Prüfkörpern, die aus dem für Zahnradanwendungen gängigen Einsatzstahl 16MnCr5 gefertigt wurden. In **Tabelle 4-1** ist die chemische Zusammensetzung der Schmelze dargestellt. Für das Element Chrom wurde der Zielkorridor überschritten, sodass eine leichte Erhöhung der Festigkeitskennwerte möglich ist. Die weiteren Kennwerte nach Werksabnahmezeugnis erreichten Qualität MQ für Verzahnungswerkstoffe nach [ISO06]. Sowohl hinsichtlich des Werkstoffs als auch bezüglich der Wärmebehandlung wurden alle Prüfkörper in einer Charge durch die Fertigungsprozesskette geführt. Die Wärmebehandlung erfolgte mittels atmosphärischem Aufkohlen und Abschrecken in Mineralöl im Direkthärteverfahren. Das Material erreichte die Härtbarkeitsklasse HH [DIN08] gemäß des Stirnabschreckversuchs (Jominy-Test) auf Grundlage der Schmelzmetallurgie [DIN00].

Tabelle 4-1: **Chemische Analyse des Scheibenwerkstoffs**
Chemical Analysis of Disk Material

Stahlsorte	Chemische Zusammensetzung, Massenanteil in %					
16MnCr5 (1.7131)		C	Mn	Cr	P	S
	[DIN08]	0,14-0,19	1,00-1,30	0,80-1,10	≤ 0,035	≤ 0,035
	Ist	0,16	1,22	1,25	0,012	0,026
		Si	Al	Ni	Mo	Cu
	[DIN08]	≤ 0,4	k.A.	k.A.	k.A.	k.A.
	Ist	k.A.	0,029	0,17	0,07	0,21

Im Anschluss an die Wärmebehandlung wurden die Prüfteile reinigungsgestrahlt. Da im abschließenden Hartfeinbearbeitungsprozess an der Ausgangsvariante ein durchmesserbezogenes Aufmaß von q = 0,2 mm zerspant wurde, ist der aus dem Reinigungsstrahlprozess resultierende Einfluss zu vernachlässigen.

Geometrie und Oberflächenrauheit

Die Geometrie der Analogieprüfkörper wurde aus einer Prüfverzahnungsgeometrie abgeleitet [STRE97]. Es kamen Prüf- und Gegenscheiben mit gleichen Außendurchmessern und einem Achsabstand von a = 42,05 mm zum Einsatz, **Bild 4.6**. Die Prüfflächen wiesen eine Laufbahnbreite von b = 14 mm auf. Zu unterscheiden sind Prüfsätze für Wälzfestigkeitsuntersuchungen, die im Punktkontakt geprüft wurden und Prüfsätze für Reibkraftuntersuchungen, die im Linienkontakt untersucht wurden. Die Laufbahn der Prüfwelle war in allen Konfigurationen zylindrisch geschliffen. Die Gegenwelle für den Punktkontakt wies eine axiale Balligkeit mit einem Radius von R_{bal} = 166 mm bzw. Betrag von C_b = 148 µm auf. Für den Linienkontakt wurde eine Stegbreite von b_{Steg} = 3,8 mm vorgesehen. Die Kontaktanpassung erfolgte, um mit den Prüfstandsrandbedingungen praxisnahe Pressungsbelastungen zu erzielen.

Die Hartfeinbearbeitung wurde am WZL im Außenrund-Umfangsschleifprozess an einer Maschine vom Typ Studer S12 durchgeführt. Daraus resultiert eine Oberflächenstruktur, die in tangentiale Richtung orientiert war (Tangentialschliff). Die Zerspanung erfolgte mit einer Edelkorundschleifscheibe (53A120L15VPMF). Als Kühlschmierstoff wurde ein schwefeladditiviertes Hydrocracköl mit Viskosität ISO VG 10 eingesetzt. In Bild 4.6 unten ist der für das Kontaktverhalten wichtige Oberflächenkennwert R_z der Varianten getrennt für Prüf- und Gegenwelle dargestellt. Zugrunde gelegt wurde das arithmetische Mittel über drei Messungen pro Prüfkörper. Die Messrichtung lag orthogonal zur Schleifstruktur.

Neben den Untersuchungen bei Mischreibung war die Analyse der Wälzfestigkeit bei Flüssigkeitsreibungsbedingungen vorgesehen. Dazu war die Einstellung einer verringerten Rauheit an Prüf- und Gegenwelle erforderlich. Daher wurden zwei Gruppen für die Gegenwellen hinsichtlich der Wälzfestigkeitsuntersuchungen gefertigt. Es zeigte sich eine geringe Streuung der Prüfkörper untereinander und ebenfalls eine geringe Abweichung von den Zielrauheiten sowohl für die Wälzfestigkeits- als auch für die Reibkraftuntersuchungen. Nur die Prüfwellen mit geringer Rauheit für die Wälzfestigkeit zeigten eine erhöhte Streuung. Da diese Varianten für Untersuchungen unter vollständiger Trennung durch den Schmierstoff vorgesehen waren, wurde diese Abweichung toleriert. Alle spezifizierten Rauheitsklassen waren somit voneinander differenzierbar und erlaubten eine vergleichende Untersuchung.

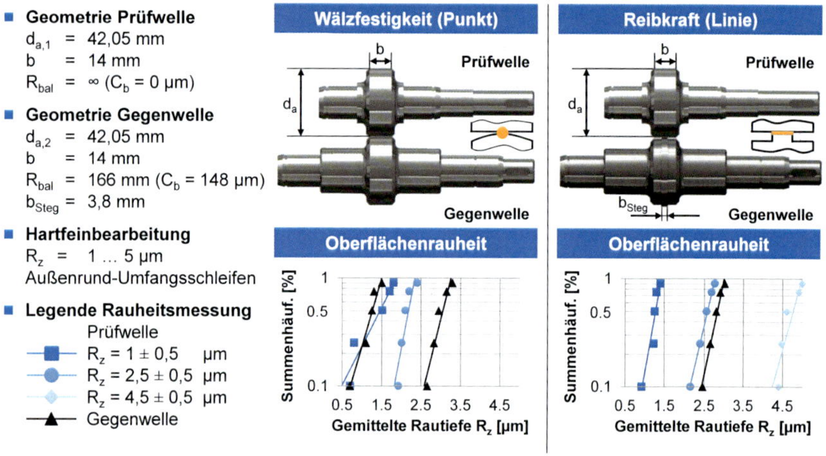

Bild 4.6: Analogieprobenform und Oberflächengestalt

Geometry of Analogy Specimen and Surface Characteristic

Metallografie / Röntgenografie

Die Eigenschaften der Prüfkörper im fertig geschliffenen Zustand wurden mittels metallografischer und röntgenografischer Analysen erfasst. Die Probenkörper wurden im axial mittigen, radial-tangential orientierten Schnitt hinsichtlich der charakteristischen Kenngrößen Gefüge, Mikrohärte, Eigenspannungen und Restaustenit analysiert, **Bild 4.7**. Das Gefüge war im Randbereich durch feinnadeligen Martensit gekennzeichnet. In der martensitischen Matrix waren Restaustenit- und Karbideinlagerungen in fein verteilter Form zu beobachten. Im Kernbereich der Probe lag ein bainitisch-perlitischer Gefügezustand vor. Die Korngröße der martensitischen Randzone war über die relevanten Tiefenbereiche gleichmäßig. Das Gefüge entsprach einem einsatzgehärteten Gefüge nach Stand der Technik für den Einsatz in Verzahnungen.

Die Einsatzhärtung führte zu einer gradierten Abnahme der Härte entlang der Werkstofftiefe. Die Ermittlung der Mikrohärte in der oberflächennahen Randzone erfolgte mittels Kleinlasthärtemessung [DIN06b]. Die Randhärte der Bauteile betrug 735 HV1, die Kernhärte lag bei 320 HV1. Die Einsatzhärtetiefe der Bauteile wurde für eine Grenzhärte von 550 HV1 erfasst [DIN03]. Die Einsatzhärtetiefe von Eht = 0,65 mm lag am unteren Toleranzfeldrand der Empfehlung nach [WECK76].

Die Fertigungshistorie eines Bauteils führt durch thermische und mechanische Beanspruchungen zu einem definierten Eigenspannungszustand, vergleichbar einer prozess- und bearbeitungsparameterabhängigen Bauteilsignatur [KLOC05]. Die für die Grübchentragfähigkeit maßgeblichen tangentialen Eigenspannungen lagen im Druckbereich. Die Maxima der Druckeigenspannungen befanden sich direkt an bzw. knapp unterhalb der Oberfläche. Der Restaustenitgehalt erfüllte am Bauteilrand die Zeichnungsvorgaben von RA = 20 ... 25 %.

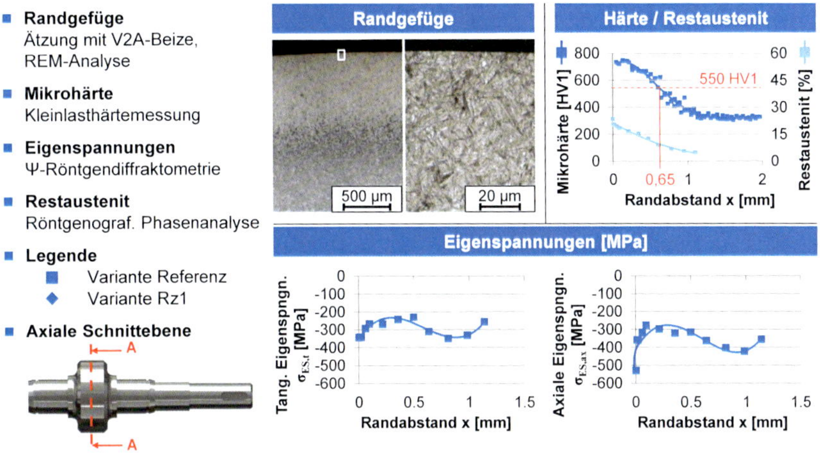

Bild 4.7: Materialeigenschaften der oberflächennahen Randzone der Prüfscheiben
Material Properties of Surface Zone of Test Disks

4.3.2 Zahnradprüfkörper

Geared Test Parts

Für die Vergleichsuntersuchungen zum Zwei-Scheibenversuch wurden Prüfverzahnungen vom Typ FZG-C in der Ausführung C-PTmod nach [HURA04, BUGI09] eingesetzt. Der Werkstoff war ein Einsatzstahl 16MnCr5, der nicht chargengleich zu den Prüfteilen des Scheibenversuchs war. Dieselbe Charge kam ebenfalls in [BAGH15] zum Einsatz. Der Werkstoff entsprach Qualitätsstufe MQ nach [ISO06] und erreichte das Härtbarkeitsstreuband HH [DIN08]. Die Schmelzmetallurgie im Vergleich zur Vorgabe zeigt **Tabelle 4-2**. Es wurden durchgängig die Normvorgaben erreicht, sodass eine Vergleichbarkeit zu den Scheibenuntersuchungen erwartet wurde.

Zur Annäherung der Kontaktbedingungen hinsichtlich des balligen Zwei-Scheibenkontakts wurde eine für die Prüfkörpergröße ungewöhnlich hohe Breitenballigkeit von $C_\beta = 121 \pm 5$ µm aufgegeben. Vor dem Hintergrund der vorliegenden Protuberanz und der Vermeidung zahnfußkritischer Schleifkerben wurde mit diesem Wert die maximal mögliche Balligkeit erreicht. Der Restunterschied wurde prüfstandsseitig durch die Belastungshöhe ausgeglichen. Vorzeitige Eingriffseffekte können nicht vernachlässigbare Pressungsüberhöhungen sowie eine Verdopplung der

Lastspielzahl pro Eingriffsablauf mit einhergehender Veränderung des Beanspruchungszustands (Schaben und anschließendes Wälzen) bewirken, vgl. [NAZK10]. Die Kopfrücknahme der Variante C-PTmod war im erforderlichen Drehmomentbereich für eine Vermeidung eines vorzeitigen Zahneingriffs ausreichend. Die Berechnung hierzu erfolgte nach der FEM-Methode von [BAGH15]. Daneben wurde bei der Prüfkörperfertigung auf eine hohe Teilungsqualität (DIN-Qualität 2) Wert gelegt.

Tabelle 4-2: **Chemische Analyse des Zahnradwerkstoffs**
Chemical Analysis of Gear Material

Stahlsorte	Chemische Zusammensetzung, Massenanteil in %					
16MnCr5 (1.7131)		C	Mn	Cr	P	S
	[DIN08]	0,14-0,19	1,00-1,30	0,80-1,10	≤ 0,035	≤ 0,035
	Ist	0,16	1,16	0,9	0,018	0,031
		Si	Al	Ni	Mo	Cu
	[DIN08]	≤ 0,4	k.A.	k.A.	k.A.	k.A.
	Ist	0,25	0,029	0,11	0,02	0,24

Die Oberflächenrauheit sowie die Randhärte und Einsatzhärtetiefe entsprachen weitgehend den Kennwerten der Prüfkörper für den Zwei-Scheibenkontakt, was die Grundlage für eine gute Übertragbarkeit darstellte, **Bild 4.8**. Die Kernhärte der Zahnräder lag etwas höher als die der Prüfscheiben. Die Eigenspannungen der Zahnräder bewegten sich außerhalb der durch die Endbearbeitung beeinflussten Randzone auf einem etwas geringeren Niveau und durchgängig im Druckbereich. Die Randeigenspannungen wiesen höhere Druckbeträge für die Zahnräder auf.

- **Verzahnungsgeometrie**
  C-PTmod nach [BUGI09]
  m_n = 4,5 mm
  $z_{1,2}$ = 16 / 24
  α_n = 20 °
  β = 0 °
  b = 14 mm
  a = 91,5 mm
  $d_{a1/2}$ = 82,45 / 118,35 mm
  $C_{a1/2}$ = 35 / 35 µm
  $d_{Ca1/2}$ = 78 / 114,7 mm
  $C_{\beta 1/2}$ = 0 / 121 µm
- **Hartfeinbearbeitung**
  R_z = 2 … 3 µm
  Zahnflankenprofilschleifen
- **Mikrohärte**
  Kleinlasthärtemessung
- **Eigenspannungen**
  ψ-Röntgendiffraktometrie

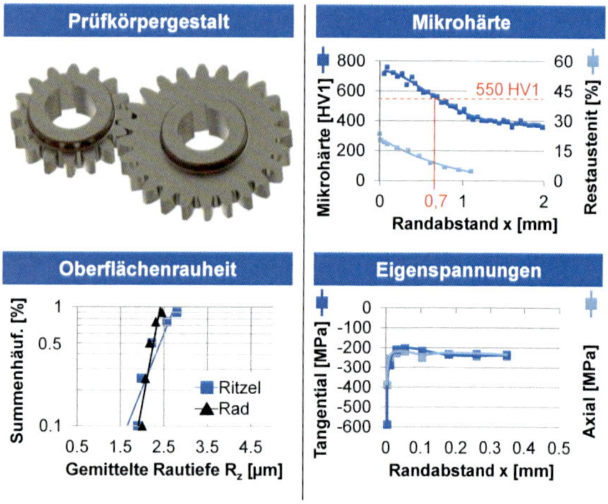

Bild 4.8: Geometrische und Randzoneneigenschaften der Prüfverzahnung
Geometric and Surface Zone Properties of Test Gears

Die Fertigbearbeitung der Prüfritzel erfolgte durch das diskontinuierliche Zahnflankenprofilschleifen an einer Verzahnungsschleifmaschine vom Typ Kapp KX 500 Flex. Verfahrenskinematisch ergab sich im Gegensatz zu den Prüfscheiben eine Oberflächenstrukturorientierung in axialer Richtung (Axialschliff) auf der Zahnflanke, was im Ergebnisvergleich zu berücksichtigen war. Die Zerspanung wurde mit einer Sinterkorundschleifscheibe vom Typ Norton 01F 200X20x76,2 SG80IVX durchgeführt. Als Kühlschmierstoff wurde AVILUB Metacon 666 eingesetzt.

4.3.3 Schmierstoffe

Lubricants

Für alle Untersuchungen wurde ein gering additiviertes Industrie-Getriebeöl der CLP-Klasse verwendet [DIN11], um eine Beeinflussung der Prüfergebnisse durch die Wirkung der Schmierstoffbestandteile zu minimieren. Die Additivwirkung war nicht Bestandteil der Analysen. Der Schmierstoff wurde hinsichtlich seiner Viskosität variiert, wobei die Additivierung für alle Untersuchungen unverändert blieb. Die Kenndaten der Schmierstoffe in Abhängigkeit von der Viskosität zeigt **Tabelle 4-3**.

Tabelle 4-3: Eigenschaften der eingesetzten Schmierstoffe
Properties of Used Lubricants

Klasse	Dichte bei 15°C [kg/m³]	Kin. Viskosität bei 40°C [mm²/s]	Kin. Viskosität bei 100°C [mm²/s]
ISO VG 46	885	46	6,8
ISO VG 68	888	68	8,7
ISO VG 100	891	100	11,2
ISO VG 320	904	320	24,0

4.4 Simulationsprogramme

Simulation Programs

Zur Entwicklung der in der Zielsetzung geplanten Methode wurde auf bestehende Simulationsprogramme zurückgegriffen, anhand derer die Beanspruchung im Wälzkontakt quantifiziert werden konnte. Mit den sich aus diesen Programmen ergebenden Ausgabegrößen erfolgte die weitere lokale Wälzfestigkeitsberechnung.

4.4.1 FE-basierte Zahnkontaktanalyse

FE-based Tooth Contact Analysis

Zur Bestimmung der lastfreien und lastbedingten Kontaktverhältnisse im Stirnradzahnflankenkontakt hinsichtlich Anregung und Beanspruchung wurde am WZL im Auftrag der Forschungsvereinigung Antriebstechnik e.V. (FVA) das Programmsystem FE-Stirnradkette (STIRAK) entwickelt [BREC10]. Eine Übersicht zu Ein- und Ausgaben des Programms zeigt **Bild 4.9**.

Auf Basis der Finite-Elemente-Methode (FEM) wurden mit dem Programmsystem unter Last die wesentlichen Kenngrößen zur Beurteilung der Beanspruchung von Stirnradverzahnungen berechnet, wovon zur Bewertung der Zahnflankenbeanspruchung insbesondere die Hertz'sche Pressungsverteilung von Bedeutung ist. Zunächst wurde die Zahngeometrie auf Basis einer Fertigungssimulation anhand der Vorgabe von Werkzeug- und Werkstückgeometrie erzeugt. Anschließend erfolgte eine automatisierte FE-Vernetzung und Ermittlung von FEM-Verschiebungseinflusszahlen im FE-Solver. Die sich anschließende Zahnkontaktanalyse unter Last koppelte die Informationen aus den FEM-Verschiebungseinflusszahlen mit den lastfrei ermittelten geometrischen Kontaktabständen entlang des Eingriffs zum Aufbau eines Federmodells, das eine Analyse der Beanspruchungsverteilung im Zahnflankenkontakt für diskrete Wälzstellungen erlaubte [NEUP83].

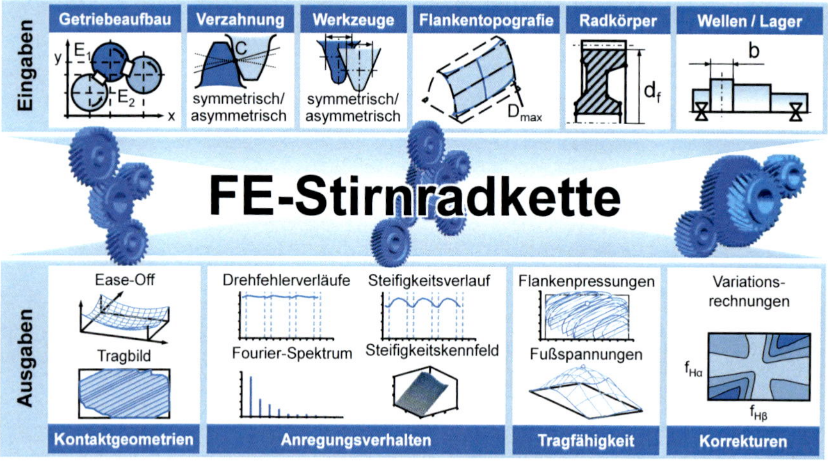

Bild 4.9: Programmsystem FE-Stirnradkette (STIRAK) [BREC10]
Program FE-Stirnradkette (STIRAK) [BREC10]

4.4.2 Allgemeine Finite-Elemente-Methode (FEM)

General Finite-Element-Analysis (FEA)

Für die Simulation des Zwei-Scheibenkontakts existieren keine automatisierten Routinen für die Finite-Elemente-Methode (FEM), ähnlich einer Zahnkontaktanalyse. Daher wurde die Simulation der Volumenbeanspruchungen im Scheibenkontakt mit der Software Abaqus/CAE durchgeführt [SIMU12]. Der Berechnungsansatz basiert auf der mathematischen Methode der finiten Elemente, die flexibel für eine Vielzahl von Problemstellungen anwendbar ist. Es wurde sowohl die Abbildung von spannungsmechanischen Problemen als auch die Berechnung von Wärmetransporten durchgeführt, was durch den modularen Aufbau des Programms erlaubt wurde. Basierend auf den Eingabedaten wurde das System aus Navier-Laméschen Differenzialgleichungen durch programminterne Solver gelöst und das Ergebnis mittels eines Postprozessors analysiert.

5 Reibung im Scheiben- und Zahnflankenkontakt

Friction in Disk Contact and Tooth Flank Contact

Zur Ermittlung des Wälzfestigkeitsmodells ist die Kenntnis der äußeren Belastungen auf den Wälzkontakt notwendig. Der Wälzkontakt kann mit vorliegenden Berechnungsmethoden hinsichtlich seiner Geschwindigkeitsverhältnisse und örtlicher Normalkraftverteilung gut beschrieben werden. Eine Unsicherheit stellt die Beschreibung des Reibkoeffizienten dar. Insbesondere der in vorliegenden empirisch-analytischen Reibansätzen vernachlässigte Schlupfeinfluss [EISE66, BENE61, NARU86, SCHL95], siehe Bild 2.5, erschwert eine lokale Berechnung von Reibwerten in Zahnflankenkontakten. Der Reibkoeffizient variiert mit hohen Gradienten über dem Schlupf, weshalb dessen funktionale Abhängigkeit bezüglich einer allgemeinen Wälzfestigkeitsberechnungsmethode berücksichtigt werden muss.

Die hinsichtlich des Reibverhaltens durchgeführten Arbeiten dienten der teilweisen Klärung der Forschungsfrage 1 und teilten sich in drei Schritte auf, **Bild 5.1**. Als Demonstratoren wurden der Zahnflankenkontakt sowie dessen Analogie, der Zwei-Scheibenkontakt, gewählt. Zunächst erfolgte der Aufbau einer empirischen Datenbasis im Zwei-Scheibenversuch durch Erfassung der Reibkräfte für unterschiedliche Beanspruchungskonstellationen. Anschließend wurde auf dieser Basis ein Reibwertansatz unter besonderer Berücksichtigung des Schlupfs ermittelt. Die sich anschließende lokale Anwendung auf Verzahnungen diente der Analyse der Transferierbarkeit des Ansatzes auf den Zahnflankenkontakt. Damit verbunden ist eine Aussage zur lokalen Äquivalenz der äußeren Belastungen für gleiche lokale Kontaktbedingungen. Die nachfolgende Darstellung baut auf den Erkenntnissen in [BREC11a, BREC11b, BREC12c, BREC13b] auf und erweitert diese.

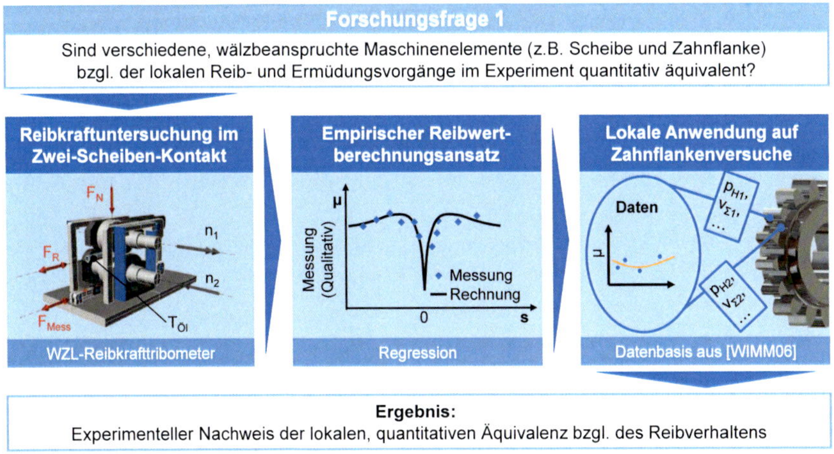

Bild 5.1: Vorgehensweise zur Forschungsfrage 1 - Reibung

Approach on Research Question 1 - Friction

5.1 Prüfmatrix und Versuchsergebnisse

Test Matrix and Test Results

Die Untersuchung des Reibungsverhaltens im Zwei-Scheibenkontakt als Analogieversuch für den Stirnradzahnflankenversuch hat sich bewährt. Die Prüfparameter lassen sich definiert einstellen und das Messprinzip ist vergleichsweise einfach. Zur Untersuchung haben sich unterschiedliche Prüfgeometrien und Kontaktformen etabliert. So liegen sowohl Untersuchungen im Linienkontakt mit großen Krümmungsradien [PREX90, DOLE03, KREI08, MAYE14] als auch im Punktkontakt mit Krümmungsradien eines mittleren Modulbereichs von $m_n \approx 5$ mm vor [HURA04, BUGI09, BAGH15]. Da die Berechnungsmethode zunächst zur Anwendung auf Prüfverzahnungen des mittleren Modulbereichs geplant war, wurde die Grundgeometrie aus [HURA04] verwendet. Zunächst wurden Voruntersuchungen durchgeführt, um für den Analogieversuch eine Prüfprozedur und Kontaktgeometrie zu identifizieren, die eine bestmögliche Vergleichbarkeit zum Zahnflankenversuch erlaubt. Auf Grundlage dieser Vorversuche wurden Hauptversuchsreihen zur Erzeugung einer Datenbasis für den empirisch-analytischen Reibansatz durchgeführt.

Im Rahmen von Vorversuchen wurde zum Einen der Einfluss der Scheibenkontaktgeometrie auf das Messergebnis analysiert, **Bild 5.2** links. Dazu wurde neben der balligen Geometrie nach [HURA04] ebenfalls ein Linienkontakt analysiert. Im Rahmen eines Stufentestverfahrens nach [BAGH15] unter Variation von maximaler theoretischer Pressung und Schlupf wurden die Reibkräfte für den Punkt- und den Linienkontakt gemessen. Es stellte sich heraus, dass der Punktkontakt niedrigere Reibkräfte als der Linienkontakt erzeugt. Da der Linienkontakt eine größere geometrische Ähnlichkeit zu üblich korrigierten Geradstirnradzahnflanken aufweist, wurde dieser für die nachfolgenden vergleichenden Untersuchungen gewählt.

- **Prüfbedingungen**
  - $d_{1/2}$ = 42,05 mm
  - $R_{bal1/2}$ = 0 / 166 mm
  - l_{Steg} = 3.8 mm
  - b = 14 mm
  - Öl: CLP 68
  - $T_{Öl}$ = 90 °C
- **Einlauf**
  - $p_{H,Einlauf}$ = 1100 MPa
  - $N_{einlauf}$ = $1{,}8 \cdot 10^5$ LW
  - s = - 28 %
  - v_Σ = 8,6 m/s
- **Prüfbed. Kontaktform**
  - v_Σ = 8,6 m/s
- **Prüfbed. Wiederholbarkeit**
  - p_H = 2400 N/mm²
  - v_Σ = 8,6 m/s
  - s = - 28 %

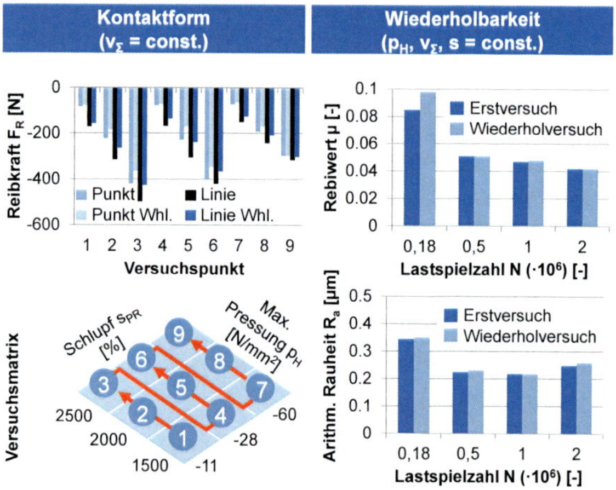

Bild 5.2: Vorbetrachtungen zur Prüfprozedur

Preliminary Considerations Regarding the Testing Procedure

In der Wiederholung der beiden Messreihen stellten sich Abweichungen zwischen Erst- und Wiederholungsmessung ein. Der Grund für die Veränderung der Messergebnisse bei Versuchswiederholung ist die kontinuierliche Veränderung der Oberflächenbeanspruchung durch den stetigen Wechsel des Reibzustands infolge der Schlupfvariation. In einer weiteren Voruntersuchung wurden daher der Erst- und Wiederholversuch mit zwei unterschiedlichen Prüfpaarungen bei gleichen, konstant gehaltenen Prüfbedingungen durchgeführt. Die Veränderung des Reibwerts und der gemittelten arithmetischen Rauheit von Prüf- und Gegenkörper über der Laufzeit sind vergleichbar, Bild 5.2 rechts. Zur Erzeugung reproduzierbarer Prüfbedingungen wurde daher in den Hauptmessreihen für jeden Schlupfzustand jeweils ein neues Prüfpaar eingesetzt. Diese Vorgehensweise führt auch zu einer höheren Vergleichbarkeit zum Zahnflankenkontakt, da ein diskreter Punkt auf der Zahnflanke ebenfalls durchgängig konstante Schlupfbedingungen erfährt. Daher wurde die Stufentestmethode von [BAGH15] auf Versuchspunkte gleichen Schlupfs verändert. Weitere Voruntersuchungen haben ergeben, dass die in **Bild 5.3** links dargestellten Einlaufbedingungen zu quasistationären Kontaktbedingungen über der Messung führen.

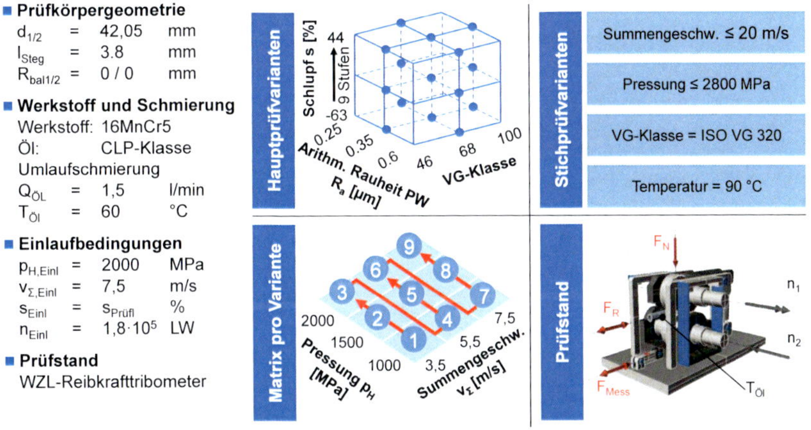

Bild 5.3: Untersuchte Einflussgrößen hinsichtlich des Reibverhaltens

Investigated Influence Parameters Regarding Friction Behavior

Als Hauptprüfvarianten wurden die Rauheit der Prüfwelle sowie die Ölviskosität in jeweils drei Stufen variiert und gemäß des Prüfplans in Bild 5.3 links oben ausführlich für mehrere Schlupfzustände untersucht. Die Rauheit der Gegenwelle wurde für alle Untersuchungen konstant gehalten, vgl. Bild 4.6. Aufgrund der Verbreitung des arithmetischen Mittenrauwerts R_a in bestehenden Reibwertberechnungsansätzen wurde dieser anstelle der zuvor zur Prüfkörperqualifikation ausgewerteten gemittelten Rautiefe R_z bewertet. Der arithmetische Mittenrauwert R_a ist weniger sensitiv gegenüber Ausreißern. Für jeden Versuchspunkt wurde eine Matrix aus neun Stützpunkten bei variierenden Pressungen und Summengeschwindigkeiten durchfahren und der jeweilige Reibwert ausgewertet. Der Parameterraum des nachfolgend ermittelten schlupfabhängigen Reibwertmodells wurde in Stichversuchen mit höheren Summengeschwindigkeiten, Pressungen, Ölviskositäten und Temperaturen innerhalb des Bereichs üblicher Zahnradanwendungen erweitert. Die Analyse des Einflusses eines Einzelmerkmals auf den Reibwert wurde durch Mittelung über den gesamten Messdatensatz für das betrachtete Einzelmerkmal durchgeführt. Diese Vorgehensweise erlaubte die Schwächung von möglichen Ausreißern in den Messungen und wurde gewählt, da bei der vorliegenden Prüfmatrix zu jeder Ausprägung eines Merkmals jeweils gleich viele Prüfpunkte vorlagen. Der Reibwert einer bestimmten Merkmalsausprägung M_i wurde nach **Formel (5.1)** bestimmt. Gemäß der Prüfmatrix basiert jeder nachfolgend angegebene Wert innerhalb der Hauptprüfbedingungen auf mindestens neun Stützpunkten.

$$\mu(M_i) = \frac{1}{n} \cdot \sum_{j=1}^{n} \mu_j(M_i) \qquad (5.1)$$

Zur Verdeutlichung des Variationsbereichs bezüglich des Reibwerts wurden in den nachfolgenden Ergebnisdarstellungen zusätzlich die Absolutstreubänder sowie Standardabweichungen der Messwerte angegeben. Auf dieser Grundlage wurden charakteristische Verläufe für jedes Einflussmerkmal ermittelt, die mit einem mathematischen Funktionsansatz beschrieben wurden. Die Zusammenführung der Teilregressionen und die Parametrierung erfolgten durch eine multiplikative Regression [HART09]. Es wurde Coulomb'sches Reibungsverhalten angenommen.

5.1.1 Einfluss der Summengeschwindigkeit und Hertz'schen Pressung

Influence of Sum Velocity and Hertzian Pressure

Die Auswertung der Messdaten nach der beschriebenen Vorgehensweise zeigte eine Verringerung des Reibwerts mit steigender Summengeschwindigkeit, **Bild 5.4** oben. Diese Beobachtung stimmt mit vorliegenden Ansätzen überein [STÖß71, SCHL95, DOLE03, TENB12]. Die Abnahme des Reibwerts folgt demnach für Mischreibungskontakte aus der Zunahme des in den Kontakt geförderten Schmierstoffvolumens und der damit verbundenen Schmierspaltvergrößerung, sodass eine Minderung des Anteils der Festkörperreibung erzielt wird. In den vorliegenden Untersuchungen stellte sich dieser Effekt auch für die Variante mit geringer Rauheit ein. Für den Bereich der Flüssigkeitsreibung liegt bei Schlupfkonstanz infolge der bei höheren Geschwindigkeiten steigenden Reibleistung eine Temperaturzunahme im Schmierspalt vor. Daraus resultiert eine Absenkung der Betriebsölviskosität im Kontaktbereich, die bei vorliegender Oberflächentrennung zu einer Verringerung des Reibwerts führt. Der Einfluss der Summengeschwindigkeit konnte anhand eines exponentiellen Rechenansatzes erfasst werden. Die Stichvarianten ließen sich in diese mathematische Beschreibung einordnen.

Im unteren Teil von Bild 5.4 wurde die Reibwertabhängigkeit von der anliegenden Hertz'schen Pressung über der Linienkontaktbreite zusammengeführt. Mit zunehmender Last lag eine Verringerung des Reibwerts vor, was in dieser Form in bestehenden Rechenansätzen zum Reibwert nicht wiedergegeben wird [OHLE58,

BENE61, MICH87, SCHL95, TENB12]. Steigende Reibwerte mit steigender Last wurden dort mit einer Zunahme der Reibleistung begründet. Da der Pressung ein geringer Einfluss auf die Schmierfilmbildung beigemessen wurde, wurde bei höherer Last eine höhere Reibungszahl gefolgert [DOLE03]. Experimentelle Untersuchungen in [STÖß71] zeigten allerdings eine zu den Beobachtungen in [DOLE03] gegenläufige Tendenz. Die Beobachtungen in der Literatur stützen sich hauptsächlich auf Versuche mit geringeren Pressungswerten (p_H < 1200 MPa) als den hier vorliegenden Bedingungen.

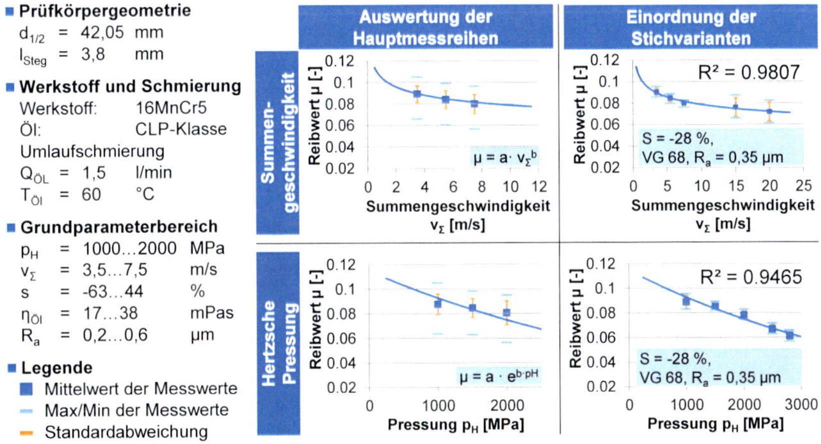

Bild 5.4: Reibkoeffizient abhängig von Summengeschwindigkeit und Hertz'scher Pressung

Friction Coefficient Depending on Sum Velocity and Hertzian Pressure

Die sich in den vorliegenden Untersuchungen ergebenden sinkenden Reibwerte mit zunehmender Last lassen sich mit dem Druck-Viskositäts-Verhalten des Schmierstoffs bei höheren Pressungen in Verbindung bringen, wodurch eine verbesserte Oberflächentrennung und somit geringerer Festkörperreibanteil resultiert. Der Einfluss der Pressung ließ sich mit einem exponentiellen Berechnungsansatz erfassen. Die Haupt- und Stichvarianten lagen in der Teilregression leicht versetzt, da der Einlauf mit maximaler Pressung durchgeführt wurde und somit ein Teil der Glättung vorweggenommen wurde. Bei Berücksichtigung der Stichvarianten verläuft die Regressionskurve jedoch durch den Bereich der Standardabweichung der Hauptvarianten.

5.1.2 Einfluss der Ölviskosität und Oberflächenrauheit

Influence of Oil Viscosity and Surface Roughness

Der Einfluss der Ölbetriebsviskosität bei Atmosphärendruck und Einspritztemperatur auf den Reibwert bei konstanter Oberflächenrauheit ist für das untersuchte Prüfsystem in **Bild 5.5** oben dargestellt. Gegenüber den zuvor durchgeführten Betrachtungen konnte keine monotone Abhängigkeit des Reibwerts von der Ölbetriebsviskosität festgestellt werden. Die Auswirkung der Viskosität auf die Reibung im geschmierten

Kontakt war abhängig von dem grundsätzlichen Reibregime, in dem sich das tribologische System befand. Im Bereich der Flüssigkeitsreibung führte die Zunahme der Viskosität bei einem gegebenen Schergefälle zu einer Zunahme des Reibwerts infolge der steigenden Scherfestigkeit des Fluids. Für einen Kontaktvorgang unter dominantem Festkörperkontakt bewirkte die Viskositätssteigerung eine verbesserte Trennung der Oberflächen und, durch die damit verbundene Verschiebung des Systems in Richtung Flüssigkeitsreibung, eine Minderung des Reibwerts. Die vorliegenden Hauptmessreihen fanden vornehmlich unter Mischreibungsbedingungen statt (Schmierfilmparameter $\Lambda \approx 0{,}5$). Dementsprechend spiegelte sich eine Steigerung der Viskosität in einem sinkenden Reibwert wider. In Stichversuchen ist ebenfalls eine Untersuchungsreihe mit höherer Viskosität durchgeführt worden, die zu einem Reibungszustand im Übergangsbereich führte ($\Lambda \approx 1$). Für diese Variante wurde eine Reibungszunahme infolge eines erhöhten Anteils der Fluidscherung beobachtet. Somit ließ sich für den untersuchten Parameterbereich der Einfluss der Viskosität mit einem parabelförmigen Ansatz beschreiben.

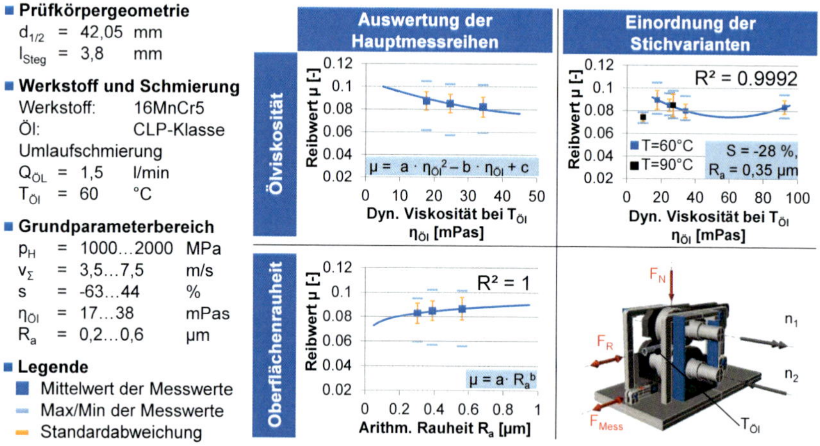

Bild 5.5: Reibkoeffizient abhängig von Ölviskosität und Oberflächenrauheit
Friction Coefficient Depending on Oil Viscosity and Surface Roughness

Die Ölbetriebsviskosität wurde neben der Ölgrundviskosität maßgeblich von der Öltemperatur beeinflusst. Zur Einordnung des Temperatureinflusses auf die Ölbetriebsviskosität sind zusätzliche Untersuchungen mit den Viskositäten ISO VG 68 und ISO VG 320 bei einer Öleinspritztemperatur von $T_{Öl}$ = 90 °C durchgeführt worden. Im Bereich guter Schmierbedingungen (ISO VG 320) ließ sich eine übereinstimmende Einordnung anhand der Ölbetriebsviskosität vornehmen. Im Bereich ausgeprägter Festkörperreibung wurden geringere Reibwerte bei erhöhter Einspritztemperatur festgestellt, als anhand der Ölbetriebsviskosität erwartet wurden. Die beobachteten Unterschiede ließen sich den verbesserten tribochemischen Reaktionsprozessen der Additive durch die Steigerung der eingebrachten Aktivierungsenergie bei der höheren Kontakttemperatur zuordnen, was die Theorie von [MICH87] stützt. Alle Untersuchungen wurden mit demselben Öltyp durchgeführt. Über den Einfluss der Viskosität hinaus ist bekannt, dass die Wahl der Ölsorte einen Einfluss auf den Reibwert hat, was mit einem Schmierstofffaktors X_L nach [SCHL95] berücksichtigt wurde.

In den Versuchsreihen bewirkte die Zunahme der Oberflächenrauheit bei konstanter Ölviskosität eine Zunahme des Festkörperkontaktanteils und somit eine Steigerung des Reibwerts. Der Einfluss der Oberflächenrauheit wurde mit einem exponentiellen Ansatz berücksichtigt, Bild 5.5 unten, da eine degressive Reibwertsteigerung beobachtet wurde. In den Messreihen wurde eine höhere Abhängigkeit des Reibwerts von der Oberflächenrauheit bei geringeren Lasten beobachtet. Da Mehrparameterabhängigkeiten nicht berücksichtigt wurden, wurde dieser Zusammenhang vernachlässigt.

Neben der Rauheitsamplitude hat die Oberflächenstruktur einen Einfluss auf den sich einstellenden Reibwert. Zur Abwälzrichtung quergeschliffene Oberflächen weisen einen erhöhten Abströmwiderstand für den Schmierstoff aus dem Kontakt auf, als tangential geschliffene Oberflächen. Daher wurden in [DOLE03] geringere Reibwerte bei quergeschliffenen Oberflächen infolge des besseren Flüssigkeitstragverhaltens beobachtet, was mit einem Oberflächenstrukturfaktor X_{OS} berücksichtigt wurde. Mangels einer ausreichenden Datenbasis existieren keine genauen Werte für diesen Einfluss. In [PREX90] wurde die Minderung des Reibwerts in einer Größenordnung von $\Delta\mu$ = 10 % beschrieben. [DOLE03, MAYE14] ermittelten größere Beträge.

5.1.3 Einfluss des spezifischen Gleitens (Schlupf)

Influence of Specific Sliding (Slip)

Die bestehenden empirischen Berechnungsansätze zur Ermittlung eines Reibwerts im Zahnflankenkontakt folgten regelmäßig der Zielsetzung, die Berechnung des Verlustgrads oder der Fressneigung des Zahneingriffs zu ermöglichen [BENE61, MICH87, SCHL95, DOLE03, WIMM06]. Die Erfassung der Reibverhältnisse erfolgte anhand eines mittleren Reibkoeffizienten für den Eingriff unter der Annahme, dass die Schwankungsbreite des Reibwerts über der Eingriffsstrecke gering ist. Zudem treten hohe Gradienten des Reibwerts vor allem im Bereich geringer Gleitgeschwindigkeiten am Wälzpunkt auf. Die dort vorliegenden geringen Energieeinträge machen Fehler in der Abschätzung des Reibwerts für die Verzahnungsverlustleistungsberechnung vernachlässigbar. Bezüglich der Ermüdungsberechnung ist jedoch die lokale Kenntnis des Reibwerts in Abhängigkeit des Schlupfs notwendig, da eine Überhöhung des Reibwerts gegenüber den Bereichen hohen Schlupfs von bis zu $\Delta\mu$ = 30-40 % vorliegen kann, vgl. Bild 2.5, was die Tangentialspannungen beeinflusst.

Eine Schlupfvariation bei konstanter Antriebsdrehzahl bewirkt unterschiedliche Schmierstoffzufuhrbedingungen. Daher wurde die Drehzahl für die unterschiedlichen Schlupfzustände bei konstant gehaltenen Summengeschwindigkeiten vorgegeben. Der Verlauf des Reibwerts über dem Schlupf war gekennzeichnet durch ein Minimum am Wälzkreis, da dieser Bereich durch einen Rollreibungszustand mit überlagerten Mikrogleitbewegungen infolge der Abplattung charakterisiert ist, **Bild 5.6**. Dieser Zustand ließ sich mit dem Prüfstand nicht sicher quantifizieren. Daher wurde der Reibwert für diesen Bereich per Definition zu Null gesetzt. Von dort aus stieg der Reibwert für geringe Schlupfbeträge mit steilem Gradienten bis zum Maximum an. Bei höheren Schlupfbeträgen kam es zu einem Abfall im Reibwertverlauf. Der Schlupfeinfluss auf den Reibwert in den Untersuchungen war unabhängig vom Vorzeichen, sodass eine rechnerische Berücksichtigung auf Basis des Schlupfbetrags |s| erfolgte. Der charakteristische Verlauf wurde mathematisch durch einen Quotienten beschrieben, in dem der Schlupf linear im Zähler und quadratisch im Nenner eingeht. Die verschiedenen Schlupfzustände bedingten für jeden Prüfpunkt unterschiedliche Temperatureinträge. Es ergab sich eine Abhängigkeit der Kontaktbedingungen von der sich einstellenden, temperaturabhängigen Betriebsölviskosität im Kontakt.

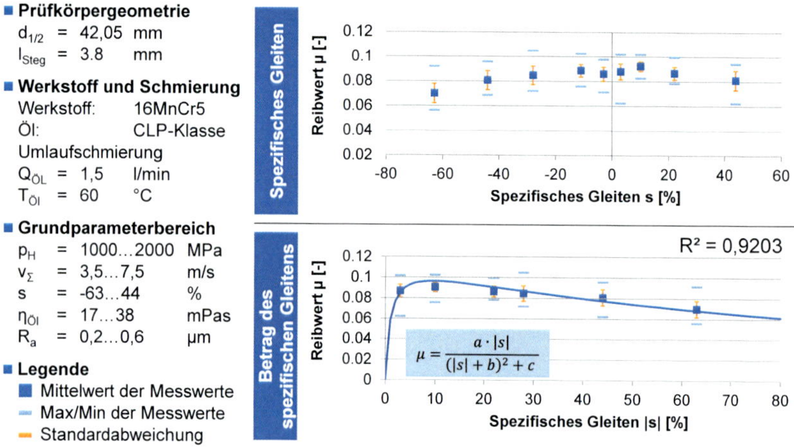

Bild 5.6: Reibkoeffizient abhängig vom spezifischen Gleiten

Friction Coefficient Depending on Specific Sliding

Durch die Aufprägung eines Schlupfzustands kam es in Ergänzung zur Rollreibung zusätzlich zu Gleitreibungsanteilen. Bei niedrigen Schlupfbeträgen fand bis zum Erreichen des Reibwertmaximums eine Verschiebung des Kontakts zu festkörperdominierten Reibanteilen statt. Durch den Temperaturanstieg infolge der Reibleistung fand eine Abnahme der Viskosität statt, die mit einer Verringerung der Schmierspalthöhe und somit höheren Reibwerten einherging. Das Reibwertmaximum stellte einen Umkehrpunkt dar, der durch einen Gleichgewichtszustand zwischen einer Schmierspaltvergrößerung durch die gleitgeschwindigkeitsabhängige Hydrodynamik (Stribeck-Kurve) und eine Schmierspaltreduktion durch eine temperaturbedingte Abnahme der Viskosität gekennzeichnet ist. Ab diesem Übergangspunkt stellte sich für steigende Schlupfbeträge ein degressiv fallender Verlauf für den Reibwert ein, da der Schmierspalt ausreichend groß war und der Aspekt der verringerten Fluidscherfestigkeit infolge der Viskositätssenkung durch die erhöhte Reibleistung das Kontaktverhalten dominierte. Die Lage des Reibwertmaximums war abhängig vom vorliegenden Tribosystem bezüglich Schmierstoff und Mikrokontaktgeometrie.

5.2 Empirisch-analytisches, schlupfabhängiges Reibmodell

Empiric-Analytic slip-dependent Model for the Calculation of Friction Coefficient

Die durchgeführten Untersuchungen zeigten den Einfluss unterschiedlicher Einflussgrößen auf die Ausprägung des Reibwerts bei zahnradtypischen Beanspruchungsbedingungen. Bislang existiert kein empirisch-analytischer Reibansatz, der den Schlupfeinfluss berücksichtigt. Anhand der in Bild 5.4 - Bild 5.6 gezeigten Teilregressionen wird die Formulierung der mathematischen Beschreibungsansätze für die Einflussgrößen ersichtlich. Es stellt sich heraus, dass insbesondere der Schlupf einen dominanten Einfluss auf den betriebspunktabhängigen Reibwert hat.

Zur Quantifizierung der Bedeutung der einzelnen Einflussgrößen auf den Reibwert erfolgte eine Beurteilung auf Basis einer Paretoanalyse, **Bild 5.7** oben. Die Bedeutung der Parameter Hertz'sche Pressung, Summengeschwindigkeit, Viskosität, Rauheit und Schlupf wurde anhand ihres Korrelationsgrads hinsichtlich des Reibwerts bewertet. Hierzu wurden Korrelationsfaktoren zwischen $\psi = 0 \ldots 1$ ermittelt. Die Summe der Einzelwerte ergibt $\Sigma\psi = 1$. Der Schlupf und die Summengeschwindigkeit wiesen den größten Einfluss auf den Reibwert auf. Eine weitere Haupteinflussgrößen bis zu einem Gesamtanteil von ca. $\Delta\psi = 0{,}8$ war die Hertz'sche Pressung. Darüber hinaus stellten sich die Kenngrößen Viskosität und Rauheit als nicht vernachlässigbare Einflüsse mit einer Gewichtung von jeweils $\psi \approx 0{,}1$ dar. Daher wurden nachfolgend alle untersuchten Parameter in dem Beschreibungsmodell berücksichtigt.

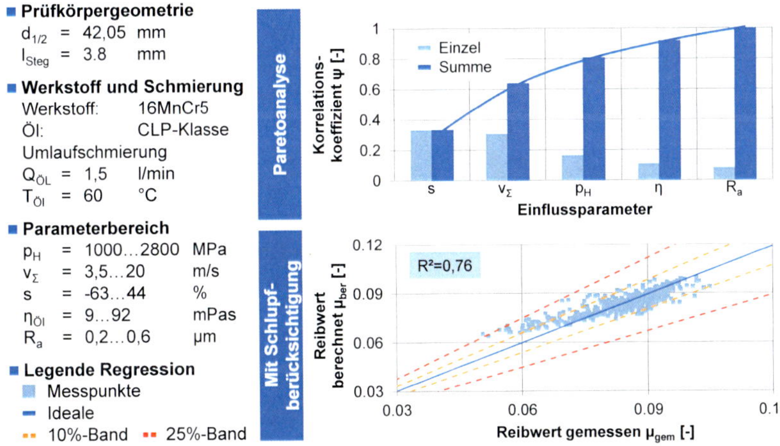

Bild 5.7: Ergebnisgüte des empirisch-analytischen Reibungsansatzes

Accuracy of the Empiric-Analytic Friction Approach

Im Folgenden wurde ein empirisch-analytischer Reibwertansatz auf Basis einer multiplikativen Regression unter Berücksichtigung des Schlupfeinflusses ermittelt. Das Ziel der Regressionsanalyse war es, die Punktewolke von Messwerten bestmöglich anhand einer mathematischen Funktion zu beschreiben, **Formel (5.2)**. Beim

Regressand handelte es sich um die abhängige Zielgröße des Reibkoeffizienten μ, bei den Regressoren um die oben genannten, erklärenden Einflussgrößen, die als statistisch unabhängig voneinander angenommen wurden.

$$\mu = f(s, v_{\Sigma,}, p_{H,}, \eta, R_{a,}) \tag{5.2}$$

Neben den untersuchten Parametern existierten weitere wichtige Einflussgrößen, die nicht explizit untersucht worden sind. Um diese Einflüsse dennoch im Reibwertansatz zu berücksichtigen, wurden sie aus bestehenden, validierten Ansätzen übernommen. Hierbei handelt es sich um den Ersatzkrümmungsradius ρ sowie den Schmierstofffaktor X_L nach [SCHL95]. Darüber hinaus wurde ein Oberflächenstrukturfaktor X_{OS} nach [DOLE03] berücksichtigt, obschon es noch keine Berechnungsgrundlage hierfür gibt. Dieses Vorgehen war zulässig, da in diesen Ansätzen eine statistische Unabhängigkeit der Regressoren angenommen wurde und somit durch die jeweils gewählte Gewichtung der isolierte Einfluss der jeweiligen Kenngröße auf den Regressand beschrieben wurde. Es ergab sich folgende Ansatzfunktion (**Formel (5.3)**), die sich auf die Teilregressionen in Abschnitt 5.1 stützte:

$$\mu = a \cdot (v_\Sigma)^b \cdot e^{c \cdot p_H} \cdot (d \cdot \eta^2 + e \cdot \eta + f) \cdot R_a^g \cdot \frac{|s|}{(|s| + h)^2 + i} \cdot \rho_{red}^{-0,2} \cdot X_L \cdot X_{OS} \tag{5.3}$$

Im vorliegenden Fall erfolgte die Optimierung der Koeffizienten nach der Methode der minimierten Summe der Fehlerquadrate nach Gauß, sodass die Summe der quadrierten Residuen (Differenz von Schätzwert und Istwert) minimiert wurde. Als Gütemaß für die Qualität der ermittelten Regressionsgleichung wurde das Bestimmtheitsmaß R^2 ermittelt, dass sich aus dem Quotient der Variabilität der Regression und der totalen Variabilität der Messreihe (Regression und Fehler) ergibt. Die Summe der Fehlerquadrate war minimal für die **Ergebnisformel (5.4)**.

$$\begin{aligned} \mu = 93{,}25 \cdot \frac{e^{-0{,}0001 \cdot p_H} \cdot R_a^{0{,}055}}{v_\Sigma^{0{,}13} \cdot \rho_{Ers}^{0{,}2}} \cdot \left(8{,}51 \cdot 10^{-6} \cdot \eta_{Öl}^2 - 0{,}001 \cdot \eta_{Öl} + 0{,}55\right) \\ \cdot \frac{|s|}{(|s| + 108{,}1)^2 - 11630} \cdot X_L \cdot X_{OS} \end{aligned} \tag{5.4}$$

Die Auswertung der mit dieser Regression berechneten Reibwerte ergab ein Bestimmtheitsmaß von $R^2 = 0{,}76$, was im Vergleich zur Güte bestehender Beschreibungsansätze zum Reibkoeffizienten (vgl. Zusammenstellung nach [WIMM06]) einer guten Beschreibung entspricht, Bild 5.7 unten. Bestehende Abweichungen der Berechnung zur Messung können mannigfaltige Gründe haben, wie beispielsweise die gegenseitigen Abhängigkeit der Einflussgrößen untereinander. Unter anderem ist im Rahmen der Versuchsreihen festgestellt worden, dass der Rauheitseinfluss auf den Reibwert mit zunehmender Pressung abnahm. Ebenfalls wurde beobachtet, dass sich das Reibwertmaximum für unterschiedliche Ölviskositäten bzw. Rauheitszustände zu kleineren oder größeren Schlupfwerten verschob. Mit wechselnden Kontaktbedingungen variierte der erforderliche, vom Schlupfzustand abhängige Energieeintrag, für den sich der Gleichgewichtszustand aus Hydrodynamik und Fluidscherfestigkeit einstellte. Derselbe Grund führte zu einem unterschiedlichen Einfluss der Oberflächenrauheit in Abhängigkeit vom Schlupfzustand auf den Reibwert. Diese Multiparameterabhängigkeit wurde mit dem Modellansatz nicht erfasst und kann entsprechende Abweichungen bedingen. Hochaufgelöste Rechenansätze für den Tribokontakt sind bei Kenntnis der Fluideigenschaften in der Lage, die angesprochenen Aspekte wirkungsgerecht zu berücksichtigen, vgl. [BART09].

5.3 Übertragung auf den Zahnflankenkontakt

Transfer to Tooth Flank Contact

Zur Beantwortung der Forschungsfrage 1 war es erforderlich, das am Zwei-Scheibenkontakt ermittelte empirisch-analytische Beschreibungsmodell für den Reibwert auf den Zahnflankenkontakt quantitativ zu überführen. Lässt sich das Reibverhalten des Zahnflankenkontakts mit dem vom Scheibenkontakt abgeleiteten Reibansatz beschreiben, belegt dies die lokale Äquivalenz des Reibverhaltens unabhängig vom Maschinenelement. Aufgrund der geometrischen Ähnlichkeit wurden geradverzahnte Stirnräder betrachtet. Eine ortsaufgelöste Messung des Reibwerts auf einer Zahnflanke ist nicht Stand der Forschung. Daher erfolgte der Abgleich anhand von Verlustleistungsmessungen aus [WIMM06].

5.3.1 Zusatzbeanspruchungen im Stirnradzahnflankenkontakt

Additional Tooth Flank Loads in the Contact of Cylindrical Gears

Die Berechnung der Verlustleistung mit einem lokalen Berechnungsansatz erfordert eine präzise Bestimmung des örtlichen Beanspruchungszustands, was ebenfalls für die lokale Wälzfestigkeitsberechnung bedeutend ist. Es liegen unterschiedliche Beanspruchungszustände im Bereich positiven und negativen Schlupfs vor.

Die unterschiedlichen Beanspruchungsgebiete sind auf die sich in der Fuß- und Kopfeingriffsstrecke unterscheidenden Form der Gleitbeziehung zwischen den beiden Wälzpartnern zurückzuführen [LINK10]. Im Bereich der Fußeingriffsstrecke (Eingriffsstreckenabschnitt AC) liegt stemmendes Gleiten der Kopfflanke des getriebenen Rads gegen die Fußflanke des treibenden Rads vor. Das durch die Reibkraft induzierte Reibmoment weist am treibenden Rad in Drehrichtung, während es am getriebenen Rad umgekehrt wirkt. Am Wälzkreis erfolgt eine Richtungsumkehr der Reibkräfte. Der Bereich der Kopfeingriffsstrecke (Segment CE) weist nun ziehendes Gleiten der Kopfflanke des treibenden Rads entlang der Fußflanke des getriebenen Rads auf. Es wird ein Drehmoment erzeugt, das entgegen der Drehrichtung am treibenden Rad und mit der Drehrichtung des getriebenen Rads wirkt. Für übliche Verzahnungsgeometrien wurden Kraftüberhöhungen im Segment AC bis zu $Q = 15\ \%$ festgestellt [WIMM06]. Weiterhin sind am treibenden Rad Bereiche negativen Schlupfs durch eine höhere Beanspruchung gekennzeichnet, da ein größerer Bereich der Gegenflanke über einen kleineren Bereich der betrachteten Flanke streicht [ROTH01].

Die unterschiedlichen Beanspruchungen im Bereich stemmenden und ziehenden Gleitens lassen sich unter anderem auf unterschiedliche Wirkkräfte infolge der Vorzeichenumkehr der Tangentialkraft im Wälzpunkt zurückführen. In einem reibungsfreien Zahnflankenkontakt teilt sich das Drehmoment auf den Hebelarm (Grundkreisradius r_b) und die Normalkraft F_N an der Evolvente auf. Die Wirkungslinie ist für jeden Punkt entlang der Eingriffsstrecke gleich und der Hebelarm konstant, sodass auch die Normalkraft bei Vernachlässigung der Überdeckung konstant ist, **Bild 5.8**.

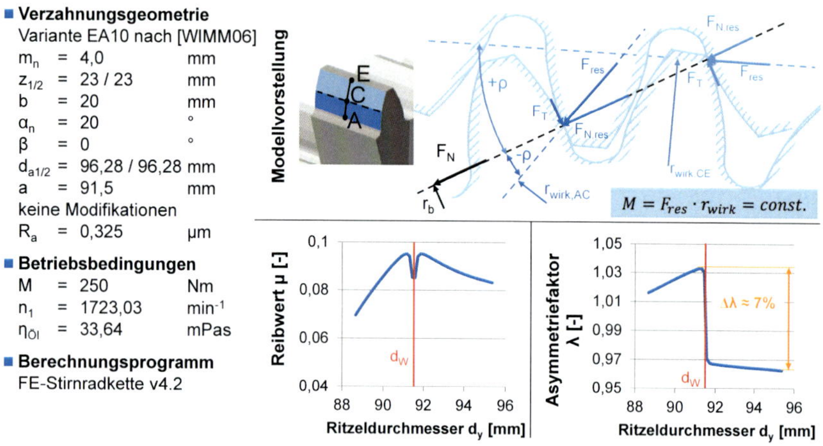

Bild 5.8: Zusatzbeanspruchungen im Zahnkontakt - Normalkraftasymmetrie
Additional Loads in Tooth Contact – Normal Force Asymmetry

In der Realität ist der Kontakt reibbehaftet, sodass Reibtangentialkräfte entstehen, deren Orientierung von der Position auf der Eingriffsstrecke abhängt. Es wird ein Teil des Drehmoments für die auftretenden Reibkräfte aufgewendet (Verlustleistung). Aus der Forderung, dass die Kraftresultierende mit dem unveränderten Drehmoment im Gleichgewicht stehen muss, ergeben sich damit gegenüber dem Grundkreisradius abweichende Wirkkreisradien. Die Wirkkreisradien sind am treibenden Rad vor dem Wälzkreis kleiner (Winkel zum Achsabstand: $90°-\alpha_{wt}-\rho_y$) und dahinter größer (Winkel zum Achsabstand: $90°-\alpha_{wt}+\rho_y$). Dementsprechend muss infolge der veränderlichen Hebelarme bei konstantem Drehmoment die Beanspruchung vor dem Wälzkreis höher als dahinter sein. Die Beanspruchung der Zahnflanke über der Eingriffsstrecke ist damit asymmetrisch [DUDA71]. Zur Quantifizierung des Asymmetrieeinflusses und zur Berücksichtigung in einem lokalen Berechnungsverfahren wurde eine geometrische Analyse der Lage von Kraftwirkungslinien, Eingriffsstrecke und Radien durchgeführt (vgl. Anhang A). Der Bezug der resultierenden Normalkraft auf die Nennnormalkraft führt zum Asymmetriefaktor λ, **Formel (5.5)**, als Maß für die lokale Normalkrafterhöhung durch die Normalkraftasymmetrie. Die Unterscheidung nach Fuß- und Kopfeingriffsstrecke erfolgt anhand des Vorzeichens der Gleitgeschwindigkeit.

$$\lambda = \frac{F_{N,res}}{F_N} = \frac{cos\ \alpha_n \cdot \cos(\arctan \mu)}{cos(\ \alpha_n - sign(\ v_g) \cdot \arctan \mu)} \qquad (5.5)$$

5.3.2 Lokale Berechnungsmethode zum Wirkungsgrad von Stirnrädern

Local Approach for the Calculation of Efficiency of Cylindrical Gears

Der Wirkungsgrad eines Systems wird anhand des Quotienten aus abgehender und eingehender Leistung berechnet. Die im Zahnflankenkontakt entstehende, lastabhängige Verlustleistung wird durch die in einem Zeitinkrement geleistete Reibarbeit bestimmt. Den Berechnungsansatz für die lastabhängige Zahnflankenverlustleistung unter Verwendung lokaler Eingangsgrößen zeigt **Formel (5.6)**. In Erweiterung zu bestehenden lokalen Verlustleistungsberechnungsansätzen [WIMM06] wurde ebenfalls der Reibwert μ lokal über der Eingriffsstrecke g_α und Zahnbreite b aufgelöst berechnet sowie der lokale Asymmetriefaktor λ berücksichtigt. Die Methode zur lokalen Wirkungsgradberechnung ist in **Bild 5.9** dargestellt.

$$P_{Vz} = \frac{1}{p_{et} \cdot b} \cdot \int_{-\frac{b}{2}}^{\frac{b}{2}} \int_{0}^{g_\alpha} F_N(x,y) \cdot \mu(x,y) \cdot \lambda(x,y) \cdot v_g(x,y)\, dx dy \tag{5.6}$$

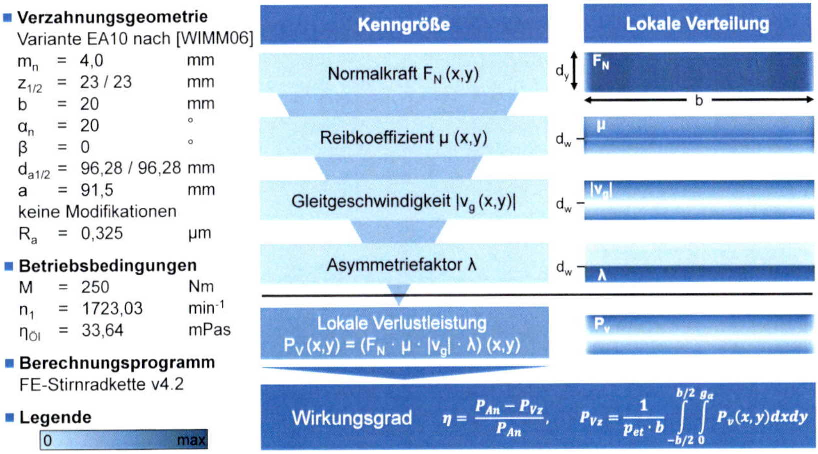

Bild 5.9: Vorgehensweise zur lokalen Wirkungsgradberechnung

Procedure for Local Efficiency Calculation

Zunächst wurden die beschriebenen Einflussgrößen auf die Verlustleistung lokal berechnet. Die Ermittlung der lokalen Normalkräfte und Gleitgeschwindigkeiten erfolgte mit dem zur Ermittlung von Lastverteilungen anerkannten FVA-Programmsystem FE-Stirnradkette [BREC10]. Auf Grundlage der Berechnungsgrößen der FE-Stirnradkette erfolgte für jeden diskretisierten Punkt ebenfalls die Berechnung des lokalen Reibkoeffizienten und Asymmetriefaktors nach Formel (5.4) und (5.5) unter Verwendung lokaler Eingangsgrößen. Anschließend wurden die so ermittelten Einzelverluste pro Wälzstellung kumuliert und durch Integration und Mittelung die Verlustleistung über dem Eingriff errechnet, auf Basis derer der Wirkungsgrad ermittelt wurde, Bild 5.9 unten.

5.3.3 Anwendung des empirisch-analytischen Reibwertansatzes

Application of Empiric-Analytic Friction Approach

Die lokale Berechnungsmethode zur Wirkungsgradberechnung wurde für zwei sich bezüglich der Verzahnungsmakrogeometrie unterscheidenden Stirnradverzahnungen angewendet [WIMM06]. Es handelte sich um eine Referenzverzahnung (REF) sowie eine Variante mit verringertem Kopfkreisdurchmesser (EA10), sodass insbesondere die Schlupfverhältnisse variiert wurden. Die für die Bestimmung des Reibwerts wesentlichen Kenngrößen wurden mit den untersuchten Grenzen im Zwei-Scheibenversuch verglichen, **Tabelle 5.1**. Es stellt sich heraus, dass die beiden Varianten jeweils in den geprüften Parameterbereich fallen. Für die Geschwindigkeitsgrößen war zum Teil eine Extrapolation über den Prüfbereich hinaus erforderlich.

Tabelle 5.1: Parameterbereiche Varianten nach [WIMM06] und Zwei-Scheibenversuch
Parameter Range Variants acc. to [WIMM06] and Two Disk Tests

Kenngröße [Einheit]	Zwei-Scheibenversuch	Variante REF nach [WIMM06]	Variante EA10 nach [WIMM06]
p_H [MPa]	1000 ... 2800	930 ... 1270	1220 ... 1310
v_Σ [m/s]	3,5 ... 20	0,3 ... 13*)	0,3 ... 13*)
s [%]	-63 ... 44	-246 ... 71	-141 ... 59
Ölviskosität [ISO VG]	46 ... 320	100	100
$R_{a,m}$ [µm]	0,25 ... 0,6	0,26	0,325
$T_{Öl}$ [°C]	60 ... 90	60	60

*) Variation Tangentialgeschwindigkeit von v_t = 0,5 ... 20 m/s

Die Analyse der beiden Varianten erlaubt eine Aussage darüber, ob die Übertragung des aus den Zwei-Scheibenversuchen gewonnenen, schlupfabhängigen Reibwertansatzes auf den Stirnradzahnflankenversuch möglich ist. In [WIMM06] erfolgte die Darstellungsweise der Ergebnisse nicht hinsichtlich des Wirkungsgrads η, sondern hinsichtlich des Verlustgrads ζ, sodass eine Umrechnung erforderlich war. Der Verlustgrad beschreibt das Verhältnis von Verlustleistung und Antriebsleistung, **Formel (5.7)**. Dieser Vorgehensweise wurde in der Ergebnisdarstellung gefolgt.

$$\zeta_{Vz} = 1 - \eta_{Vz} = \frac{P_{Vz}}{P_{An}} \tag{5.7}$$

Ein wesentliches Unterscheidungsmerkmal zwischen dem Zwei-Scheibenversuch und dem Zahnradversuch stellt die Oberflächenstrukturorientierung dar. Während die Zwei-Scheibenprüfkörper einen Tangentialschliff aufweisen, sind die Zahnradflanken durch einen Axialschliff gekennzeichnet. Untersuchungen zeigten durchgehend geringere Reibwerte für den Querschliff [PREX90, DOLE03, MAYE14]. Der genaue Einfluss der Oberflächenstruktur auf den Reibwert ist jedoch nicht bekannt. Daher wurde aus den bestehenden Untersuchungen die konservativste Potenzialabschätzung entsprechend der Untersuchungen von [PREX90] mit einem Oberflächenstrukturfaktor von X_{OS} = 0,9 berücksichtigt.

Die Berechnungsergebnisse für die lokal dissipierte Verlustleistung zeigt **Bild 5.10** oben. Für den Wälzpunkt wurden keine Gleitverluste berechnet. Von dort aus kam es zu einem Anstieg der Verlustleistung infolge der steigenden Gleitgeschwindigkeit und der Reibwertcharakteristik. Variante EA10 lag mit einer Profilüberdeckung von ε_α = 1,05 praktisch vollständig im Einzeleingriffsgebiet. Bei Variante REF war der Übergang in das Doppeleingriffsgebiet durch die Abnahme der Normalkräfte anhand der Reduktion der lokalen Verlustleistungen erkennbar.

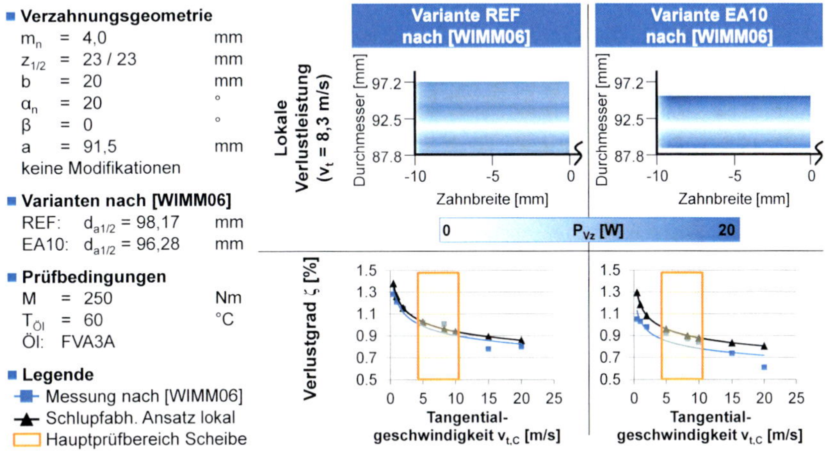

Bild 5.10: Vergleich von Messung und schlupfabhängigem Berechnungsansatz

Comparison of Measurement and Slip-dependent Calculation Approach

Im unteren Teil von Bild 5.10 sind die mit der beschriebenen Berechnungsmethode ermittelten Verlustgrade mit den Messungen für verschiedene Tangentialgeschwindigkeiten gegenübergestellt. Die Messungen wurden für den Vergleich mit der Simulation anhand eines Potenzansatzes (Methode der kleinsten Fehlerquadrate) regressiert. Es stellte sich heraus, dass die Verläufe über der Tangentialgeschwindigkeit für Messung und Simulation vergleichbare Gradienten aufweisen. Die errechneten Verlustgrade lagen gegenüber der Messung leicht erhöht. Jedoch stimmten Messung und Berechnung insbesondere im Bereich der Hauptmessreihen des Zwei-Scheibenkontakts (v_Σ = 3,5 … 7,5 m/s, entspricht in etwa v_t = 5 … 10 m/s) überein.

5.4 Fazit

Conclusion

Die dem Kapitel übergeordnete Fragestellung lag darin, ob das lokale Reibungsverhalten des Zwei-Scheibenkontakts und Zahnflankenkontakts quantitativ äquivalent sind. Diese Fragestellung wurde unter Berücksichtigung des Stands der Technik anhand der Kopplung einer experimentellen und simulativen Vorgehensweise untersucht. Dazu wurden Zwei-Scheibenversuche durchgeführt, zu einem schlupfabhängigen Reibmodell ausgewertet und auf bestehende Zahnradversuche nach [WIMM06] angewendet.

In Voruntersuchungen wurden Randbedingungen für eine robuste Messprozedur identifiziert. Die Prüfung im Linienkontakt bei Schlupfkonstanz wies eine hohe Robustheit in den Messergebnissen auf und war den Beanspruchungsbedingungen eines Auswertepunkts auf der Zahnflanke am Ähnlichsten. Darauf aufbauend wurden die wesentlichen Einflussgrößen auf den Reibwert in mehreren Messreihen untersucht. Auf dieser Grundlage wurde ein Reibwertansatz abgeleitet, der über bestehende empirisch-analytische Ansätze hinaus den Schlupfeinfluss wirkungsgerecht berücksichtigt. Auch alle weiteren untersuchten Einflussgrößen haben sich als nicht vernachlässigbar erwiesen. Anschließend wurde dieser Ansatz auf das Zahnrad transferiert. Als für den Verlustgrad wesentliche Beanspruchungserhöhung auf der Zahnflanke wurde die Normalkraftasymmetrie identifiziert und geometrisch zu einem Asymmetriefaktor hergeleitet. Die Verlustgradberechnung auf Basis der FE-basierten Zahnkontaktanalyse FE-Stirnradkette wurde mit Messreihen aus [WIMM06] abgeglichen. Es konnte eine gute Übereinstimmung zwischen Messung und Berechnung festgestellt werden.

Der Vergleich des Reibverhaltens von Zwei-Scheibenversuch und Zahnflankenversuch führte zu einer positiven Beantwortung der Forschungsfrage 1 bezüglich des Reibverhaltens im Wälzkontakt. Es wurden vergleichbare Reibkräfte bei vergleichbaren Kontakt- und Betriebsbedingungen ermittelt, was die lokale, quantitative Äquivalenz des Reibverhaltens für unterschiedliche Maschinenelemente belegt. Maßgeblich für das Reibverhalten ist der lokale Belastungs-/Beanspruchungszustand.

Nachfolgend ist zu klären, in welchem Zusammenhang die Höhe des Reibwerts mit der Wälzfestigkeit steht und ob die Wälzfestigkeit ebenfalls ausschließlich den lokalen Beanspruchungsverhältnissen zugeordnet werden kann. Dazu sind die einzelnen, im Rahmen der Reibuntersuchungen ermittelten Einflussgrößen ebenfalls hinsichtlich der Wälzfestigkeit zu untersuchen.

6 Wälzfestigkeit im Scheiben- und Zahnflankenkontakt

Rolling Contact Fatigue in Disk Contact and Tooth Flank Contact

Die These der lokalen, quantitativen Äquivalenz der Wälzfestigkeit zwischen Zwei-Scheibenkontakt und Zahnflankenkontakt bedingt eine vergleichbare Oberflächenveränderung in beiden Prüfsystemen unter vergleichbarer Wälzbeanspruchung. Es muss ausgeschlossen werden, dass die analysierte Schadensform von weiteren Veränderungen der Oberfläche maskiert und dadurch das Wälzfestigkeitsniveau des einen gegenüber dem anderen Prüfsystem verschoben würde.

Mit einer dreischrittigen Vorgehensweise wurden die lokale Äquivalenz der Prüfsysteme im Punktkontakt untersucht sowie der Einfluss unterschiedlicher Kenngrößen auf das Tribosystem analysiert, **Bild 6.1**. Mit beiden Prüfsystemen wurden Grübchendauerfestigkeitsuntersuchungen durchgeführt und verglichen. Die quantitative Vergleichbarkeit der Kontaktformen wurde anschließend anhand des erreichten dauerfest übertragbaren Pressungsniveaus sowie der sich über dem Versuchslauf einstellenden Oberflächenveränderungen beurteilt.

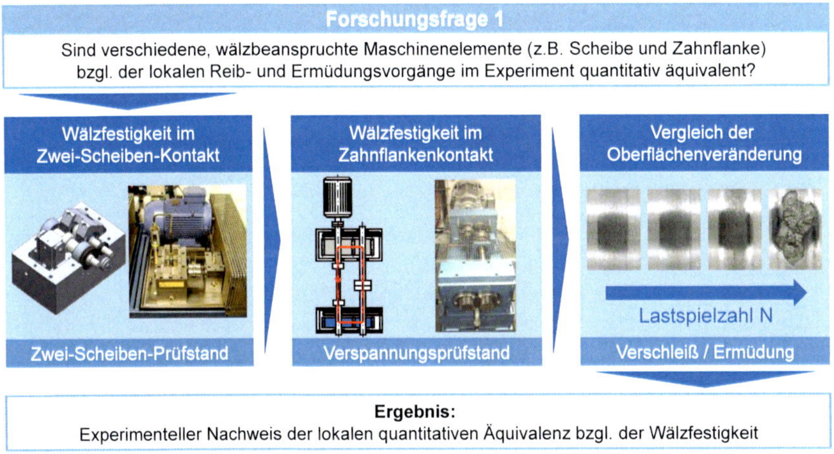

Bild 6.1: Vorgehensweise zur Forschungsfrage 1 - Tragfähigkeit
Approach on Research Question 1 – Load Carrying Capacity

Für den Linienkontakt ist eine Übertragbarkeit des Zwei-Scheibenversuchs auf den Zahnradversuch gezeigt worden [GOHR82]. Es wurden für einsatzgehärtete Werkstoffe übertragbare nominelle Flankenpressungen von $\sigma_{H0} \approx 1500$ MPa erreicht. Allerdings kam es abweichend zum Zahnradversuch in den Untersuchungen im Zwei-Scheibenkontakt zur Entstehung von Grübchen am Laufbahnrand. Dadurch ist der Scheibenkontakt gegenüber dem Zahnflankenkontakt in der Berührlinienlänge beeinflusst worden. Der in [GOHR82] identifizierte Einfluss der Schlifforientierung steht im Widerspruch zu neueren Erkenntnissen [KREI08, MAYE14].

Aus verschiedenen Gründen (Kapitel 4.2.1) wurden in der jüngeren Vergangenheit Zwei-Scheibenversuche bevorzugt im Punktkontakt durchgeführt, in dem höhere dauerfest ertragbare theoretische Maximalpressungsniveaus von $\sigma_H > 2000$ MPa erreicht wurden [HURA04, BUGI09, BAGH15]. Die Dauerfestigkeit gegen Grübchenbildung wurde für Zahnräder auf geringeren Niveaus beobachtet, was sich in den Festigkeitsfeldern der Zahnradtragfähigkeitsnorm widerspiegelt [ISO06].

Die Gründe für die unterschiedlichen Pressungsniveaus der Prüfvarianten sind mannigfaltig. Für den Zwei-Scheibenkontakt können sich über dem Versuchslauf verschleiß- bzw. deformationsbedingte Veränderungen der Kontaktgeometrie ergeben, die tendenziell zu abnehmenden Pressungen führen [RÖSC76, HURA04]. Weiterhin ist das höchstbeanspruchte Volumen im Scheibenkontakt geringer als im Zahnflankenkontakt, sodass der Größeneinfluss geringere Tragfähigkeiten im Zahnradversuch bewirkt [GOHR82]. Zudem lagen bei den in der Literatur gegenübergestellten Zahnflankenversuchen keine oder unzureichende Profilkorrekturen vor. Damit wurden durch den vorzeitigen Zahneingriff Zusatzbeanspruchungen bewirkt, die die Tragfähigkeit herabsetzen [HASL91, NAZK10, BAGH15]. Die folgenden Analysen bauen auf den Erkenntnissen in [BREC14c, BREC14d] auf und erweitern diese.

6.1 Prüfmatrix

Test Matrix

Die für die Untersuchungen verwendeten Prüfgeometrien und Prüfvarianten sind in **Bild 6.2** aufgeführt. Bei der Verzahnung handelt es sich um die Prüfgeometrie C-PTmod [BUGI09]. Die Mikrogeometrie und Teilungsgenauigkeit wurden zur Gegenüberstellung mit dem Zwei-Scheibenkontakt angepasst, siehe Abschnitt 4.3.2.

Für die Verzahnungsgeometrie wurden die maßgeblichen Beanspruchungskenngrößen über dem Ritzeldurchmesser aufgetragen, Bild 6.2. Die mit den Prüfstandsmöglichkeiten beste Annäherung von Zahnflankenkontakt und Zwei-Scheibenkontakt bezüglich der Summengeschwindigkeit lag bei einer Ritzeldrehzahl von $n_1 = 4500\ \text{min}^{-1}$ und einer Prüfwellendrehzahl von $n_{PW} = 3000\ \text{min}^{-1}$ vor. Die Ersatzkrümmungsradien waren etwas höher im Scheiben- ($\rho_{Ers} = 10{,}5$ mm) als im Zahnflankenkontakt ($\rho_{Ers,C} = 7{,}9$ mm). Es wurden aus den Bedingungen im Zahnflankenkontakt zwei Vergleichsvarianten für den Zwei-Scheibenkontakt abgeleitet. Zum einen erfolgte die Untersuchung einer Variante bei Schlupfbedingungen von s = -28 % (Variante REF), die zur höchsten Schadenswahrscheinlichkeit gemäß [GOHR82] führt und darüber hinaus nahe dem Pressungsmaximum über dem Eingriff liegt. Weiterhin wurde zur Identifikation der Tragfähigkeitssteigerung bei geringeren negativen Schlupfwerten eine Variante bei Schlupfbedingungen von s = -11 % (S11) untersucht.

Über die aus dem Zahnflankenkontakt abgeleiteten Varianten hinaus wurden Varianten zur Analyse weiterer tribologischer Beanspruchungszustände hinsichtlich der Wälzfestigkeitsberechnungsmethode untersucht. Einerseits erfolgte eine Variation der Kontaktverhältnisse hinsichtlich der Rauheit von Prüf- und Gegenwelle (Rz1), sodass Flüssigkeitsreibung realisiert wurde. Für diese Variante wurde die Öltemperatur auf $T_{Öl}$ = 60 °C herabgesetzt, um Fressschäden zu vermeiden. Andererseits wurden die Viskositätsbedingungen durch Verwendung eines Grundöls mit höherer Viskosität (320) analysiert. Eine vergleichbare Viskosität wurde ebenfalls durch Absenkung der Einspritztemperatur mit der in der Referenz verwendeten Ölviskosität erzielt (T60), sodass der Temperatureinfluss separat bewertbar wurde.

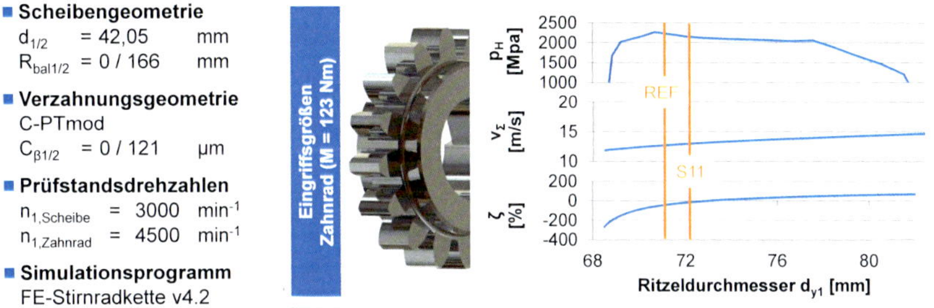

Var.	s [%]	v_Σ [m/s]	R_z [µm]	v40 [cSt]	$T_{öl}$ [°C]
REF	-28	15,05	2-2,5	68	90
S11	**-11**	**13,93**	2-2,5	68	90
Rz1	-28	15,05	**1-1,5**	68	**60**
320	-28	15,05	2-2,5	**320**	90
T60	-28	15,05	2-2,5	68	**60**

Bild 6.2: Prüfgeometrien, Zahnflankenbeanspruchungen und Prüfvarianten
Test Geometries, Tooth Flank Loads and Test Variants

Alle Varianten wurden hinsichtlich ihrer Dauerfestigkeit für eine Grenzlastspielzahl von $N_G = 5 \cdot 10^7$ Lastwechseln untersucht. In zusätzlichen Untersuchungen wurde für die Zahnradvariante sowie den daraus abgeleiteten Varianten des Zwei-Scheibenversuchs REF und S11 sowie der Variante Rz1 die Oberflächenveränderung nach definierten Messintervallen erfasst und analysiert. Zur Ermittlung der Kontaktpressungen bei veränderlichen Oberflächengeometrien wurde eine Methode zur messdatenbasierten Makropressungsberechnung entwickelt.

6.2 Methode zur messdatenbasierten Makropressungsberechnung

Method for Calculation of Macro Pressure Based on Measurements

Im Scheibenkontakt können Ermüdung, Abrasion und Plastifizierung zu veränderlichen Kontaktbedingungen führen, die zeitlich variable Pressungsverteilungen über dem Prüflauf bewirken [HURA04]. Eine Quantifizierung ist mit der Hertz'schen Theorie nicht mehr möglich und bedarf einer lokalen Kontaktpressungsberechnung.

Die Ermittlung der Pressungsverteilung bei beliebigen Kontaktbedingungen kann für zahnradtypische Kontakte effizient und hinreichend genau mit der Halbraumtheorie erfolgen [BÖRN76, OSTE82, BART09]. Nach der Halbraumtheorie können endliche, elastische Körper als halbunendlich angenommen werden, wenn die Kontaktfläche der berührenden Körper klein gegenüber den Gesamtabmessungen der Körper ist.

Demzufolge wird von einer idealen Abstützung zu den Seiten ausgegangen, was einem ebenen Dehnungszustand entspricht. Anhand von Potenzialfunktionen erfolgt die Bestimmung der Verschiebung jedes Punktes auf einer unendlichen Fläche bei angreifender Punktlast [BOUS85]. Liegen mehrere Punktlasten bzw. eine durchgehende Flächenpressung auf der Oberfläche des Halbraums vor, so kann die jeweilige Punktverschiebung durch Superposition der Einzelverschiebungen bzw. durch Integration der Potenzialfunktion berechnet werden, vgl. **Formel (6.1)** [BART09].

$$\delta_i = \frac{(1-\nu^2)}{\pi \cdot E} \cdot \iint_A \frac{p_K\,(x,y)\;dx\,dy}{\sqrt{(x_i - x)^2 + (y_i - y)^2}} \tag{6.1}$$

Für eine beliebige Pressungsverteilung liegt für dieses Integral keine analytische Lösung vor, weshalb ein numerischer Lösungsansatz notwendig ist. In der praktischen Anwendung wird der Halbraum mit rechteckigen Elementen diskretisiert, denen eine konstante Flächenpressung zugeordnet wird. Der Vorteil von rechteckigen Elementen und einer konstanten Flächenpressung liegt darin, dass Polstellen vermieden und die Rechengenauigkeit sowie -geschwindigkeit erhöht werden. Außerdem existiert für ein einzelnes Rechteckelement eine analytische Lösung der Oberflächenverformung [LOVE29]. Die Flexibilität dieser Vorgehensweise erlaubt bei ausreichender Diskretisierung die Berücksichtigung gemessener Oberflächentopografien. Das Flussdiagramm zur Bestimmung der lokalen Kontaktpressungen ist in **Bild 6.3** dargestellt.

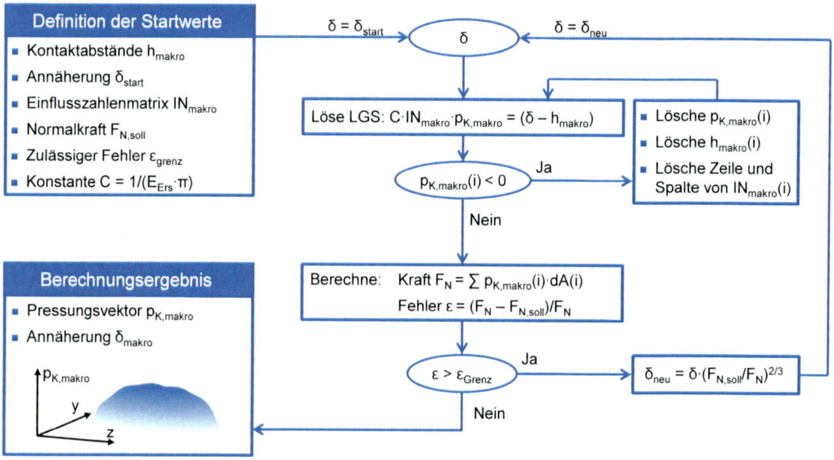

Bild 6.3: Iterative Berechnung der makrogeometrischen Oberflächenpressungen
Iterative Calculation of Macro Geometric Surface Pressure

Die Vorgabe der Kontaktgeometrie für die Simulation erfolgte auf Grundlage einer taktilen 2D-Messung (Mittelung von drei Messungen) der Oberflächenkontur der Prüf- und Gegenwelle in der radial-axialen Schnittebene. Mit dieser Vorgehensweise konnten unterschiedliche Laufbahngeometrien über dem Umfang in der Ermittlung repräsentativer Kontaktpressungsverteilungen berücksichtigt werden. Zur Reduktion der Vernetzungsauflösung erfolgte eine Glättung der 2D-Profilmesschriebe. In einem letzten Schritt wurden die Konturen von Prüf- und Gegenwelle um die Rotationsachse aufgespannt, sodass sich 3D-Körper für die Kontaktberechnung ergaben.

Zusammen mit weiteren Eingangsgrößen erfolgte die Berechnung der Pressungsverteilung durch simulative Annäherung der Kontaktkörper, Bild 6.3. Für die makrogeometrische Kontaktberechnung auf Grundlage der gemessenen Konturen wurde iterativ die Lösung durch Ermittlung des Kräftegleichgewichts identifiziert. Die Iterationsgröße war die vorgegebene Annäherung δ der beiden Kontaktpartner. Der zu minimierende Berechnungsfehler ε ergab sich aus der Differenz der aus der Pressungsverteilung resultierenden Gesamtnormalkraft und der von außen vorgegebenen Normalkraft. Aus dem Kontaktalgorithmus resultierende „negative" Pressungen wurden gemäß der Adhäsionsbedingung aus der Lösungsmatrix gestrichen [BECK90]. In Abhängigkeit der Kontaktgeometrie konnte sich die Kontaktpressungsverteilung des Realkontakts von der idealisierten Pressungsellipse unterscheiden. Für diesen Fall änderten sich sowohl die maximalen Werte als auch die Form der Kontaktfläche.

6.3 Analyse der Oberflächenveränderung

Analysis of Surface Change

Für den experimentellen Vergleich der Oberflächenveränderung im Zwei-Scheibenversuch und Zahnflankenversuch wurden auf dem obersten Niveau der Dauerfestigkeit nach dem Treppenstufenverfahren Versuche durchgeführt und analysiert. Auf diesem Niveau wurden ca. $N \approx 15 \cdot 10^6$ Lastwechsel bis zum Grübchenschaden erreicht. Die Analyse der Oberflächenveränderung erfolgte zu festen Zeitpunkten, die nachfolgend angegeben werden. Aus den Intervallanalysen ließ sich die Oberflächenveränderung bis zum Eintritt des Grübchenschadens quantifizieren. Dem Zahnradversuch wurden in erster Linie die beiden Hauptvergleichsvarianten REF und S11 gegenübergestellt. Darüber hinaus erfolgte eine Analyse der Variante Rz1, um den Kontakt bei Flüssigkeitsreibung gegenüber der Mischreibung zu analysieren.

6.3.1 Zwei-Scheibenkontakt

Two-Disk-Contact

Zur Analyse der Veränderung der Oberfläche über dem Versuchslauf wurden für die drei Versuchsvarianten REF, S11 und Rz1 zu definierten Messzeitpunkten sowohl eine Konturmessung in axialer Richtung als auch eine lichtmikroskopische Aufnahme der Laubahn angefertigt, **Bild 6.4**. Die Gegenüberstellung der Konturmessungen von Prüf- und Gegenwelle wurde jeweils im Neuzustand (Prüfwelle (PW): hell, Gegenwelle (GW): dunkel) und zu den analysierten Messintervallen (PW: dunkel, GW: hell) dargestellt. Unterhalb wurden die lichtmikroskopischen Aufnahmen der Laufbahnen im gleichen Maßstab positioniert.

Die unter Mischreibungsbedingungen geprüfte Variante REF wies abrasive und mikroermüdungsbedingte Konturveränderungen über dem Prüflauf auf. Zum erwarteten Schadenszeitpunkt trat an der gewählten Prüfpaarung kein Grübchenschaden auf.

Der Versuch wurde bei einer Lastspielzahl von $N = 30 \cdot 10^6$ Lastwechseln abgebrochen. Zum Vergleich der Schadensausprägung wurde daher ein Versuchspunkt aus den Dauerfestigkeitsuntersuchungen (Abschnitt 6.4) des gleichen Lastniveaus ergänzt. Mit fortschreitender Versuchsdauer entstanden auf der Oberfläche der Prüfwelle Mikroausbrüche, die nach ca. $N = 10 \cdot 10^6$ Lastwechseln begannen, zusammenzuwachsen. Daraus resultierte zu Versuchsende ein makrogeometrischer Verschleiß mit vergleichsweise großer Tiefenausprägung. Ebenfalls kam es lokal begrenzt und mit geringeren Beträgen zu Verschleiß an der Gegenwelle. Das Versuchsende im ergänzten Versuchspunkt wurde durch ein oberflächennahes Grübchen auf der Prüfwelle erreicht. Die Oberfläche der Prüfwelle wies eine vollständige Zerstörung der ursprünglich vorliegenden Oberflächenstruktur auf.

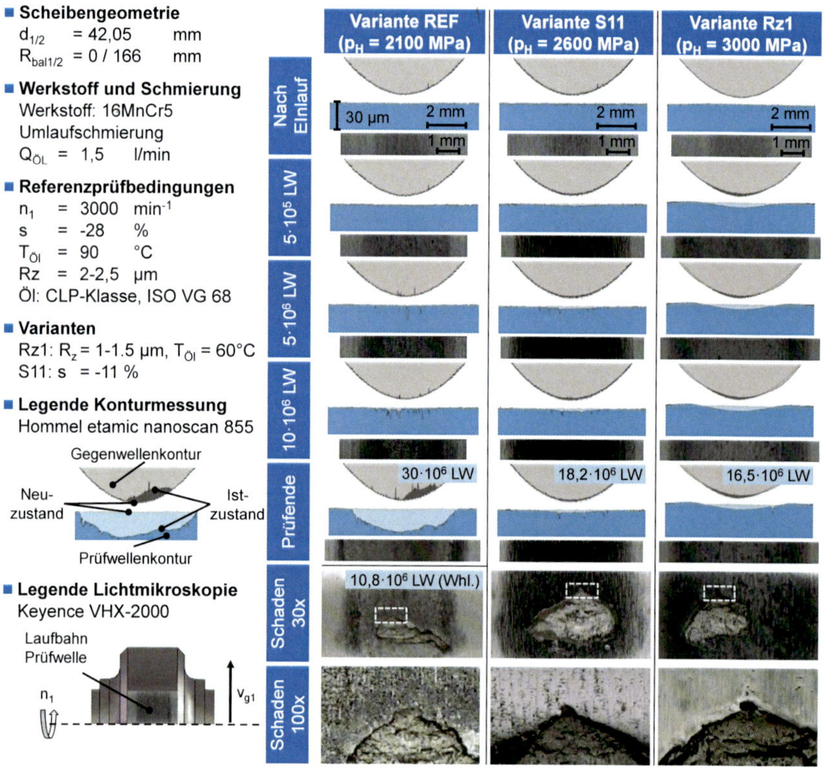

Bild 6.4: Oberflächenveränderung über dem Prüflauf im Zwei-Scheibenkontakt

Surface Condition Change over Test Run in Two-Disk-Contact

Im Gegensatz zur Variante REF veränderte sich die Oberflächenkontur bei der ebenfalls unter Mischreibung betriebenen Variante S11 über der Versuchsdauer kaum. Die fertigungsbedingten Rauheitsriefen glätteten über der Laufzeit kontinuierlich ein. Der Schlupfzustand führte aufgrund der verringerten Gleitgeschwindigkeiten zu guten Einlaufbedingungen ohne großflächige Mikroermüdungs- bzw. Abrasionserscheinungen. Zum Versuchsende wurde eine in der höheren Prüflast gegenüber der Variante REF begründete tiefere Ausprägung des Grübchenschadens beobachtet. Die Oberfläche war zu Versuchende nahezu vollständig intakt. Nur entlang der Erhebungen der Oberflächenstruktur in tangentialer Richtung war die Ausbildung von Mikroausbruchslinien erkennbar.

Die Variante Rz1 war durch eine niedrige Ausgangsrauheit gekennzeichnet. Bereits zum ersten Kontrollintervall bildete sich in der Laufbahnmitte der Prüfwelle eine Konturveränderung in Kombination mit Materialaufwürfen an den Rändern aus, die sich quantitativ über dem Versuchslauf nicht mehr veränderte. Die Konturveränderung lag im Gegensatz zu den weiteren Varianten nicht in einer Abrasion oder Mikroermüdung begründet, da die Oberfläche weiterhin intakt war. Vielmehr stellte sich unter den hohen Pressungsbelastungen eine plastische Verformung der Laufbahn ein. Das Material wurde durch die hohen Pressungen plastisch verformt und aus der Mitte nach außen geschoben. Im grübchengeschädigten Zustand sind praktisch keine Mikroermüdungen zu beobachten, sodass ein Schadensausgang unterhalb der Oberfläche vermutet werden kann. Die Oberfläche war zu Versuchsende intakt.

Die Verläufe der über der Paarung gemittelten Oberflächenrauheitskenngrößen über dem Versuchslauf sowie der Kontaktpressungsverteilungen zu Beginn und zum Ende des Versuchslaufs, die nach der Vorgehensweise in Abschnitt 6.2 ermittelt wurden, sind in **Bild 6.3** zusammengeführt. Die Veränderungen der Kennwerte resultierten hauptsächlich aus Veränderungen an der Prüfwelle.

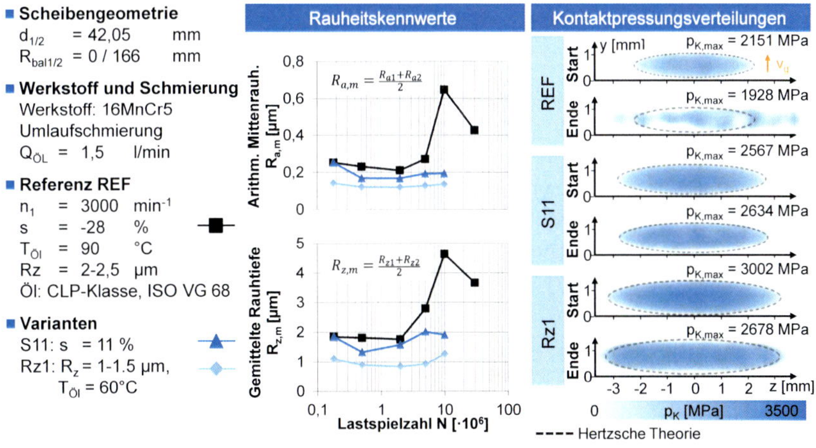

Bild 6.5: Veränderung der Rauheit und Kontaktpressung über dem Versuchslauf

Change of Roughness and Contact Pressure over Test Run

Die Mischreibungsvarianten REF und S11 entwickelten sich über dem Versuchslauf trotz gleicher Ausgangsrauheit unterschiedlich. Während des Einlaufs und der ersten $N = 2 \cdot 10^6$ Lastwechsel sanken die Rauheitskennwerte bei beiden Varianten, wobei Variante S11 einen höheren Gradienten und somit bessere Kontaktadaptionseigenschaften aufwies. Der Grund hierfür ist einerseits die höhere Pressung, die eine zügige Einebnung der Oberflächenrauheitsspitzen erlaubte. Andererseits bewirkt der niedrigere Schlupf geringere Gleitwege und Mikroermüdungserscheinungen während des Kontaktvorgangs. Während die Variante S11 ab $N = 2 \cdot 10^6$ Lastwechseln bei einer konstanten arithmetischen Mittelrauheit R_a verharrte, bildete sich bei der Referenzvariante ein Maximum bei $N = 10 \cdot 10^6$ Lastwechseln aus. Diese Entwicklung stand mit einem Anstieg an Mikroausbrüchen auf der Oberfläche in Verbindung, vgl. auch [LEUB86]. Das Zusammenwachsen der Mikroausbrüche führte zu einem ausgeprägten Laufbahnverschleiß. Die sich daraufhin adaptiv einstellenden Kontaktbedingungen bewirkten anschließend ein erneutes Absinken der Kennwerte. Bei Variante Rz1 veränderte sich die arithmetische Mittelrauheit während des Versuchslaufs nur geringfügig, weil die Ausgangsrauheit niedriger war und daher der Betrieb bei Flüssigkeitsreibung eine vollständige Trennung der Oberflächen bewirkte. Die gemittelte Rautiefe R_z bestätigte die Verläufe der arithmetischen Mittenrauheit R_a.

Nach dem Einlauf wurde bei Vorgabe der Prüfbedingungen und Oberflächentopografien die Kontaktpressungsverteilung berechnet. Es lag jeweils eine gute Übereinstimmung mit der Hertz'schen Theorie vor. Durch die Verschleißerscheinungen über dem Versuchslauf verlor die Kontaktpressungsverteilung bei der Variante REF die ellipsenförmige Ausprägung mit zunehmender Lastspielzahl. Zu Versuchsende war der Verschleiß auf der Prüf- und teilweise auf der Gegenwelle so weit entwickelt, dass sich die Kontaktellipse nicht mehr ausbildete. Ungelaufene Bereiche am Laufbahnrand kamen zusätzlich in den Kontakt und die Pressungsverteilung wurde unregelmäßiger. Daraus resultierte ein Abfall der Pressungen für den analysierten Versuchspunkt, der sich aus der Adaption der Kontaktgeometrien zu einem konvex-konkaven Kontakt ergab.

Dagegen blieb die grundsätzliche elliptische Kontaktform über dem Versuchslauf der Varianten S11 und Rz1 erhalten. Insbesondere für Variante S11 ergaben sich infolge der geringen Verschleißausprägung keine nennenswerten Veränderungen der Pressungsverteilungen über dem Versuchslauf, sodass die Makrobeanspruchungsverhältnisse für den gesamten Versuch konstant waren. Die Variante Rz1 wies ebenfalls ein konstantes Beanspruchungsverhalten über dem Prüflauf auf. Allerdings fand bereits unmittelbar nach Beginn des Prüflaufs durch die hohen Pressungen eine Plastifizierung der Oberflächen statt, die zu einer Minderung des Pressungsniveaus führte. Damit verbunden ergab sich eine leichte Veränderung der Pressungsellipse hinsichtlich einer nahezu rechteckigen Beanspruchungsverteilung im zentralen Bereich der Beanspruchung, wie diese beispielsweise aus Linienkontakten bekannt ist. Die Ursache hierfür war die Konformität des nun partiell konvex-konkaven Kontakts.

6.3.2 Zahnflankenkontakt

Tooth Flank Contact

Der Zahnflankenkontakt ist mit einer zu Abschnitt 6.3.1 vergleichbaren Vorgehensweise analysiert worden. Die Veränderung der Oberfläche über der Lastspielzahl sowie die Ausprägung der Grübchenschädigung ist in **Bild 6.6** zusammengestellt.

Der Zustand der Zahnflanke wurde lichtmikroskopisch erfasst und eine Differenztopografie nach der Methodik von [BAGH15] bezogen auf den Neuzustand angefertigt. Es ist zu beachten, dass das Messfeld der Differenztopografiemessung kleinere Abmessungen in beide Dimensionen als die Größe der Zahnflanke aufweist. Eine Analyse der Rauheitskennwerte erfolgte nicht, da infolge des Axialschliffs die Messrichtung über Flankenbereiche mit unterschiedlichen Schlupfzuständen verliefe. Dadurch wäre die Aussagekraft im Vergleich zum Zwei-Scheibenkontakt beeinträchtigt.

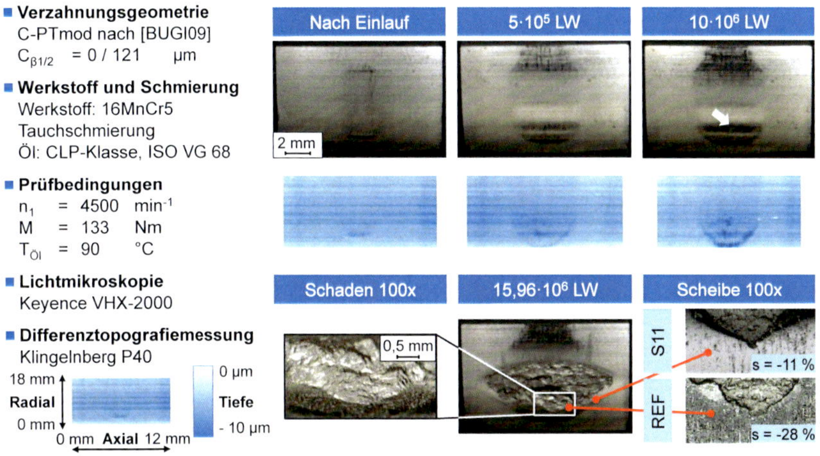

Bild 6.6: Oberflächenveränderung über dem Prüflauf im Zahnflankenkontakt
Surface Condition Change over Test Run in Tooth Flank Contact

Infolge der vergleichbaren Balligkeiten und Belastungen entsprachen die optisch erkennbaren Berührlinienlängen nach Einlauf und über dem Prüflauf den Laufbahnbreiten im Zwei-Scheibenversuch. Der Einzeleingriff ließ sich in den lichtmikroskopischen Aufnahmen anhand der Berührlinienlänge vom Bereich des Doppeleingriffs unterscheiden. Mit zunehmender Lastspielzahl kam es zu einer zunehmenden Veränderung der Zahnflankentopografie. Analog zum Scheibenversuch ergaben sich die größten Amplitudenveränderungen der Differenztopografie mit zunehmendem negativen Schlupf. In diesem Bereich trat das Tragbild deutlich hervor. Die Größenordnung der Topografieänderung entsprach zu den untersuchten Zeitpunkten ebenfalls der des Scheibenversuchs für die Varianten REF und S11.

Das Grübchen entstand nicht im Bereich maximalen negativen Schlupfs, sondern im Bereich des Einzeleingriffs, was sich anhand der ersten Ausbrüche aus der Zahnflanke bei $N = 10 \cdot 10^6$ Lastwechseln zeigte (Kennzeichnung mit Pfeil). Eine Analyse zum Grübchenort in allen Zahnflankenversuchen wird nachfolgend in Abschnitt 6.4.4 durchgeführt. Im unteren Bereich von Bild 6.6 ist der im Zahnflankenversuch auftretende Grübchenschaden mit den Schadensausprägungen der Vergleichsvarianten REF (s = -28 %) und S11 (s = -11 %) des Zwei-Scheibenversuchs gegenübergestellt. Analog zum Zwei-Scheibenversuch wiesen die Zahnflanken im Bereich höheren negativen Schlupfs eine ausgeprägte Mikroermüdung auf. Im Bereich geringeren negativen Schlupfes, vergleichbar der Variante S11 im Scheibenversuch, wurde kaum Mikroermüdung im Zahnflankenversuch festgestellt. Es lag ein ähnlicher Schadensfortschritt hinsichtlich Lastspielzahl und Oberflächenveränderung im Zahnflankenversuch und Zwei-Scheibenversuch bei korrespondierenden Beanspruchungsbedingungen vor. Daraus kann die quantitative Äquivalenz der Prüfsysteme hinsichtlich der Abfolge der Oberflächenveränderung bezüglich der Wälzfestigkeit abgeleitet werden.

6.4 Analyse der Dauerfestigkeitsuntersuchungen

Analysis of Endurance Strength Investigations

Nachfolgend werden Dauerfestigkeitsuntersuchungen an Scheiben bei unterschiedlichen Betriebsbedingungen vergleichend zu Untersuchungen am Zahnrad vorgestellt. Die in Abschnitt 6.3 beschriebene, zeitliche Abhängigkeit der Kontaktbedingungen in den Untersuchungen bewirkte veränderliche Beanspruchungen über der Laufzeit, die als ein inneres Lastkollektiv interpretiert werden können. Daher war es erforderlich, Untersuchungen zur Dauerfestigkeit sowohl anhand der Ausgangsgeometrie als auch anhand der Endgeometrie auszuwerten.

Die Versuchsfolge ergab sich nach dem Treppenstufenverfahren, für das der Stufensprung zu p_H = 100 MPa für die ideale Prüfkörpergeometrie (Startkontaktbedingungen) festgelegt wurde. Die Versuchsauswertung wurde nach der IABG-Methode [HÜCK83] für eine Ausfallwahrscheinlichkeit von P_A = 50 % durchgeführt. Die Darstellung der dauerfest ertragbaren Kontaktpressung erfolgte unter Berücksichtigung des fiktiven Punkts gemäß der Vorgehensweise nach [HÜCK83]. Es wurden n = 7 Versuche pro Variante durchgeführt. Nach [HÜCK83] lässt sich der Mittelwert der Dauerfestigkeit ab n = 5 Versuchen ausreichend genau ermitteln. Die Darstellung der Pressungsstufen zu Versuchsbeginn (Startkontaktbedingungen) erfolgte anhand der Berechnung auf Grundlage der idealen Hertz'schen Theorie.

Aufgrund der Veränderung der Kontaktbedingungen über dem Versuchslauf konnte für einige Varianten die Auswertung für die Endkontaktbedingungen nicht mit der IABG-Methode erfolgen, da zwischen den Versuchspunkten kein konstanter Stufensprung vorlag. Als Kenngröße wurde anhand der in Abschnitt 6.2 beschriebenen Rechenmethode die sich maximale ergebende Kontaktpressung zu Versuchsende bestimmt. Als alternative Kenngröße für die Dauerfestigkeit wurde das arithmetische Mittel der sich aus der Kontaktberechnung ergebenen Maximalpressung für alle Versuche einer Variante zu Versuchsende ausgewertet. Eine Anwendung dieser Vorgehensweise auf alle Varianten bei Startkontaktbedingungen führte zu einer maximalen Abweichung gegenüber der IABG-Methode von Δp_{DF} = 1,2 %. Daher wurde der Vergleich auf Basis der mittleren ertragbaren Kontaktpressung zur repräsentativen Beschreibung der Dauerfestigkeit als zulässig bewertet.

6.4.1 Einfluss der Ölviskosität

Influence of Oil Viscosity

Die Untersuchung zum Einfluss der Ölviskosität erfolgte mit den Varianten T60 und 320. Neben der Referenzvariante REF wurde die Variante T60 mit gleichem Öl, aber verringerter Einspritztemperatur von $T_{ÖL}$ = 60 °C untersucht. Weiterhin wurde die Variante 320 mit höherer Grundviskosität (ISO VG 320) bei Referenzöleinspritztemperatur von $T_{ÖL}$ = 90 °C untersucht. Beide Varianten wiesen eine ähnliche Betriebsviskosität bei Einspritztemperatur auf, siehe Abschnitt 5.1.2. Die Ergebnisse der Dauerfestigkeitsuntersuchungen sind in **Bild 6.7** dargestellt.

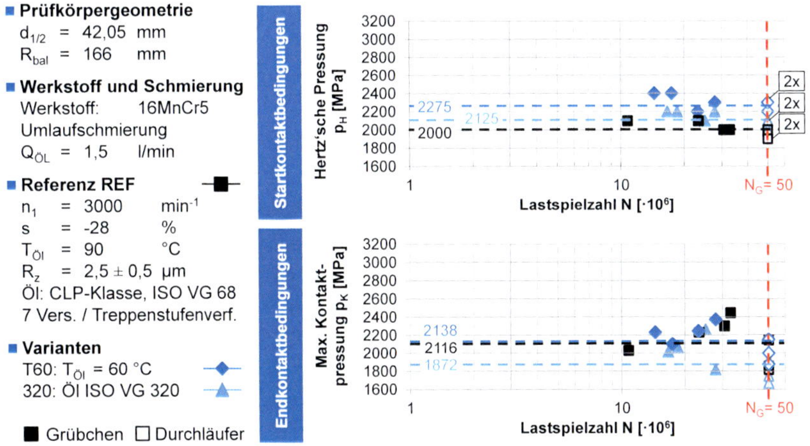

Bild 6.7: Wälzfestigkeit bei unterschiedlichen Ölviskositäten

Rolling Contact Strength for Varying Oil Viscosities

Die Dauerfestigkeitsniveaus der Varianten lagen bei der Auswertung der Ausgangsbedingungen jeweils um mindestens einen Stufensprung auseinander. Die Variante T60 mit geringerer Einspritztemperatur wies die höchste Tragfähigkeit auf. Die Referenzvariante mit der geringsten Ölbetriebsviskosität an der Einspritzstelle wies das geringste Dauerfestigkeitsniveau auf. Trotz gleicher Betriebsviskosität an der Einspritzstelle ließen sich die beiden Varianten T60 und 320 mit vergleichbarer Ölbetriebsviskosität um mehr als einen Stufensprung voneinander differenzieren.

Die Auswertung der Kontaktbedingungen zu Versuchsende führte zu Verschiebungen in den Dauerfestigkeitsniveaus. Bei den mit höherer Viskosität T60 und 320 betriebenen Varianten war verschleißbedingt eine Absenkung der Beanspruchung über der Laufzeit zu beobachten, die bei der Variante 320 höher ausfiel. Bei den Varianten mit höherer Viskosität ergab sich die Abnahme der Beanspruchung aus einer Erhöhung der Konformität des Kontakts durch einen vom Zentrum ausgehenden, symmetrischen Verschleiß (vgl. Abschnitt 6.5). Die Variante REF wies hingegen durchschnittlich einen Anstieg der Beanspruchung über der Laufzeit auf, da der Verschleiß unsymmetrisch und sowohl an der Prüf- als auch an der Gegenwelle auftrat. Durch die Entstehung lokal geringer Ersatzkrümmungsradien wurden bei dieser Variante höhere Maximalpressungen gegenüber dem Ausgangszustand ermittelt.

Es wurden höhere Pressungen bei längeren Laufzeiten bis zum Ausfall durch Grübchen ermittelt. Somit lag ein progressiv zunehmender Verschleiß vor, bei dem zügig ungelaufene Bereiche der Laufbahn in Kontakt kommen, an denen Maxima der Pressungen infolge der geringen lokalen Krümmungsradien auftraten. Der Verschleiß bei erhöhter Betriebsölviskosität trat gegenüber der Referenzvariante nur an der Prüfwelle auf, was mit den verbesserten Schmierfilmparametern in Verbindung gebracht werden kann, Bild 6.2. Der Gesamtverschleißbetrag war bei der Referenzvariante geringer. Die Ursache hierfür lag in der verringerten Reibleistung im Kontakt infolge der geringeren Normalkräfte.

6.4.2 Einfluss der Rauheit

Influence of Roughness

Vorliegende Untersuchungen zeigten das Potenzial zur Steigerung der Grübchendauerfestigkeit infolge einer Senkung der Oberflächenrauheit auf [KOLL13, BAGH15]. Ein Vergleich der Referenzvariante mit der Prüfvariante Rz1 ($R_{z,m} \approx 1$ µm) bestätigt diese Beobachtungen, **Bild 6.8**. Zum schrittweisen Vergleich mit der Variante REF wurde ebenfalls die Variante T60 gegenübergestellt. Die in Abschnitt 6.3.1 vorgestellten Untersuchungen der lastspielzahlabhängigen Oberflächenveränderung zeigten für Variante Rz1 eine rasche Plastifizierung im Bereich des Beanspruchungszentrums bei hoher Last. Damit verbunden war eine lokale Entlastung, die zu einer Abnahme der Maximalpressung führte. Dieser Effekt wurde für alle Versuchspunkte der Variante Rz1 beobachtet.

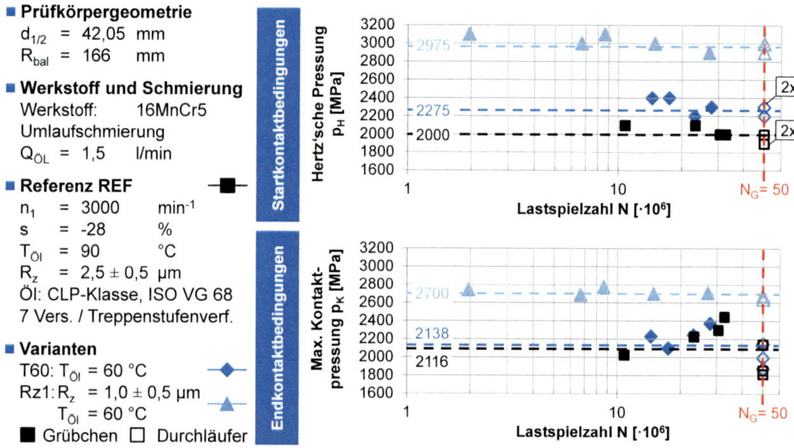

Bild 6.8: Wälzfestigkeit bei unterschiedlichen Rauheiten

Rolling Contact Strength for Varying Roughness

Die sich einstellenden, maximalen Kontaktpressungen zu Versuchsende waren für alle Versuchspunkte nahezu unabhängig von der Hertz'schen Pressung, die zu Versuchsbeginn eingestellt wurde. In allen Versuchen wurden zu Versuchsende ähnliche Maximalpressungen und vergleichbare Laufbahngeometrien und folglich eine geringe Streuung erzielt. Die Versuche, die das Grenzlastspielzahlniveau erreichen, lagen in ihrem Pressungsniveau leicht unterhalb der mit Grübchen ausgefallenen Varianten. Das Maximalpressungsniveau der Varianten Rz1 lag zu Versuchsende noch immer deutlich oberhalb dessen der Referenzvarianten. Die Variante Rz1 erlaubt eine Aussage über das grundsätzliche Wälzfestigkeitspotenzial des einsatzgehärteten Werkstoffs, da infolge der Oberflächentrennung keine Mikro-Hertz'schen Spannungsfelder aus dem Kontakt der technischen Oberflächen überlagert sind.

6.4.3 Einfluss des spezifischen Gleitens (Schlupf)

Influence of Specific Sliding (Slip)

In **Bild 6.9** wurden die Ergebnisse der Untersuchungen der Referenzvariante im Vergleich zur Prüfvariante S11 dargestellt. In den Analysen zur Oberflächenveränderung über dem Prüflauf in Abschnitt 6.3.1 hatte sich herausgestellt, dass die Kontaktgeometrie der Variante S11 nahezu vollständig erhalten bleibt. In den Dauerfestigkeitsuntersuchungen der Variante S11 wurde diese Beobachtung bestätigt, da sich bis auf einen Versuchspunkt keine Veränderungen der Kontaktpressung über dem Versuchslauf ergaben. Damit lagen nahezu konstante Beanspruchungen über dem gesamten Prüflauf vor. Das Dauerfestigkeitsniveau der Variante S11 lag für die Kontaktbedingungen zu Versuchsende ca Δ = 25 % höher als das der Variante REF.

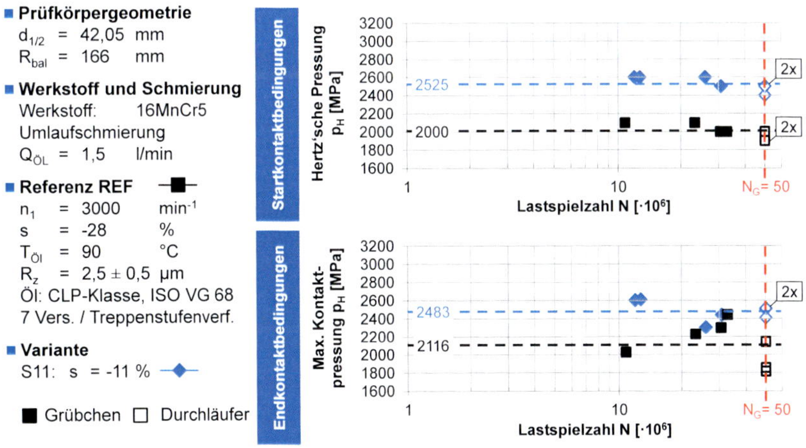

Bild 6.9: Wälzfestigkeit bei unterschiedlichen Schlupfbedingungen

Rolling Contact Strength for Varying Slip Conditions

6.4.4 Einordnung der Zahnflankenversuche

Evaluation of Tooth Flank Tests

Zur Gegenüberstellung der Zahnradversuche mit den Untersuchungen im Zwei-Scheibenkontakt wurden zunächst die Orte der Grübchenschäden auf der Zahnflanke lokalisiert. Im Rahmen des Treppenstufenverfahrens sind vier Versuche mit Grübchenschädigung ausgefallen. Da in einigen Versuchspunkten mehr als ein Zahn geschädigt wurde, konnten insgesamt zehn Zahnflanken ausgewertet werden. Die Zuordnung der relativen Häufigkeit grübchenbehafteter Zahnflankenbereiche bezogen auf alle grübchengeschädigten Zahnflanken ist über dem Ritzeldurchmesser in **Bild 6.10** dargestellt. Weiterhin wurden wesentliche Beanspruchungskennwerte sowie eine Zuordnung der korrespondierenden Zwei-Scheibenversuche aufgetragen. Der Vergleich wurde vor dem Hintergrund der Rauheiten, Öl- und Temperaturbedingungen nur für die Varianten S11 und REF durchgeführt, da die weiteren Varianten abweichende Betriebsbedingungen gegenüber dem Zahnradversuch aufwiesen.

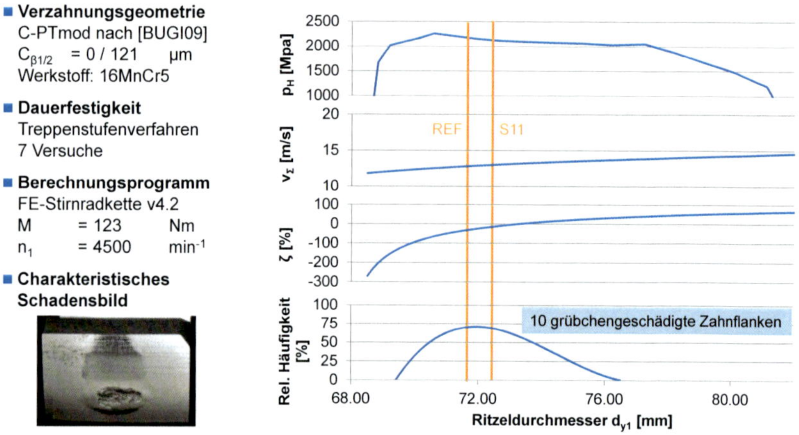

Bild 6.10: Zahnflankenbeanspruchung und Häufigkeit der Grübchenlagenerstreckung

Tooth Flank Loads and Location of Occurrence of Pittings

Der analog zu [GOHR82] (vgl. Bild 2.3) bestimmte Ort der höchsten Häufigkeit einer durch Grübchen geschädigten Stelle korrespondiert mit den Prüfvarianten REF und S11 für den Zwei-Scheibenkontakt. Die Analyse erfolgte jeweils in dem Inspektionsintervall, in dem die Grübchengröße $V_{EZ} = 4$ % der aktiven Zahnflanke überschritt. Dazu wurde die Flanke dreidimensional taktil vermessen und der Bereich zwischen minimalem und maximalem Durchmesser der Grübchenschädigung ausgewertet.

In **Bild 6.11** wurden die im Zwei-Scheibenkontakt und Zahnflankenkontakt ermittelten Versuchsergebnisse gegenübergestellt. Die Ermittlung der maximalen Kontaktpressung für die Zahnflankenuntersuchungen erfolgte mit dem Programmsystem FE-Stirnradkette [BREC10]. Die Kontaktberechnung wurde unter Berücksichtigung der an einem Verzahnungsmesszentrum (Klingelnberg P40) ermittelten Topologie der

Zahnflanke zu Versuchsbeginn und zu Versuchsende durchgeführt. Der Referenzort der Analyse war gemäß der Untersuchungen im Zwei-Scheibenkontakt der Bereich mit einem Schlupf von s = -28 %. Der Stufensprung der Untersuchungen wurde auf diesen Auswertungsort abgestimmt und wie beim Zwei-Scheibenversuch zu Δp_H = 100 MPa festgelegt.

Die im Zahnflankenversuch erreichten maximalen idealen Kontaktpressungen im Ausgangszustand lagen für die Dauerfestigkeit ca. eine Laststufe oberhalb des für die Variante REF im Zwei-Scheibenkontakt ermittelten Pressungsniveaus. Das Pressungsniveau für die mit einem geringeren Schlupf geprüfte Variante S11 wurde im Zahnflankenversuch nicht erreicht. Die Zahnradvariante ordnete sich zwischen den Varianten REF und S11 ein, ähnlich der Häufigkeitsverteilung in Bild 6.10. Der Zahnflankenkontakt wies gegenüber dem Zwei-Scheibenkontakt eine quergeschliffene Oberflächenstruktur auf, für die geringere Reibbeanspruchungen gegenüber dem Tangentialschliff ermittelt wurden [PREX90, KREI08, MAYE14], sodass höhere Tragfähigkeiten resultieren. Dieser Aspekt liefert einen Erklärungsansatz zu der höheren dauerfest übertragbaren Hertz'schen Pressung des Zahnflanken- gegenüber dem Zwei-Scheibenversuch.

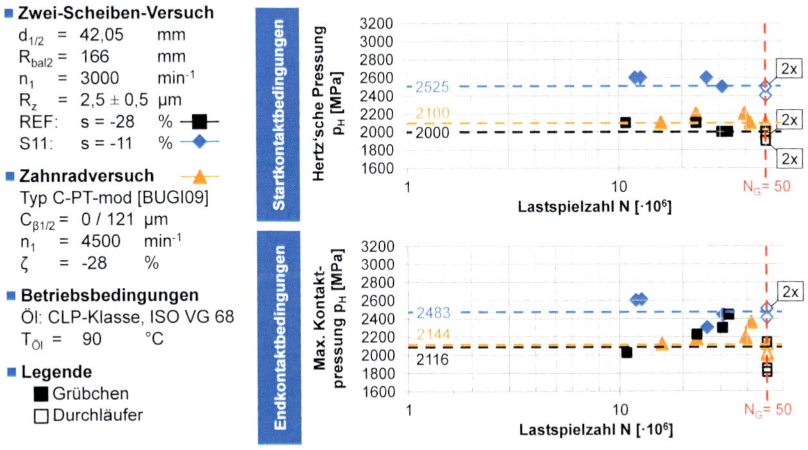

Bild 6.11: Wälzfestigkeit im Zwei-Scheibenkontakt und Zahnflankenkontakt

Rolling Contact Strength in Two-Disk-Contact and Tooth Flank Contact

Im unteren Bereich von Bild 6.11 sind die maximalen Kontaktpressungen zu Versuchsende von Zahnflanken- und Zwei-Scheibenversuch dargestellt. Es wurde je Versuchspunkt die Topologie von zwei Zahnflankenpaaren gemessen und der Kontakt mit der FE-Stirnradkette berechnet. Die maximalen Hertzschen Pressungen für eine Schlupf von ζ = -28 % wurden ermittelt und gegenübergestellt. Die unter diesen Bedingungen ermittelten dauerfest übertragenen Kontaktpressungsniveaus für den Zahnradversuch und der Variante REF lagen gegenüber der Betrachtung bei Ausgangsbedingungen näher aneinander. Die Auswertung des Zahnradversuchs für einen Schlupf von ζ = -28 % zeigte ähnlich zur Variante REF eine höhere Pressungsbeanspruchung bei Versuchen, die eine höhere Lastspielzahl erreichten, aber keine Durchläufer waren.

6.5 Zusammenfassung der Versuchsergebnisse und Fazit

Consolidation of Test Results and Conclusion

Die zusammenführenden Ergebnisse der Tragfähigkeitsuntersuchungen sind in **Bild 6.12** oben dargestellt. Zusätzlich zu den Dauerfestigkeitsuntersuchungen wurden die Reibwerte der Varianten des Zwei-Scheibenkontakts im eingelaufenen Zustand nach $N = 2 \cdot 10^6$ Lastwechseln sowie zu Versuchsende ermittelt. Weiterhin wurden die zu Versuchsende resultierenden Kontaktgeometrien dargestellt. Damit liegt die experimentelle Basis für die Modellbildung vor.

- **Zwei-Scheiben-Versuch**
  - $d_{1/2}$ = 42,05 mm
  - R_{bal2} = 166 mm
  - n_1 = 3000 min^{-1}
  - R_z = $2{,}5 \pm 0{,}5$ µm
  - REF: s = -28 %
  - S11: s = -11 %
  - Rz1: $R_z = 1 \pm 0{,}5$ µm, $T_{Öl}$ = 60 °C
  - T60: $T_{Öl}$ = 60 °C
  - 320: ISO VG 320
- **Zahnradversuch**
  - Typ C-PT-mod [BUGI09]
  - $C_{\beta 1/2}$ = 0 / 121 µm
  - n_1 = 4500 min^{-1}
- **Betriebsbedingungen**
  - Öl: CLP-Klasse, ISO VG 68
  - $T_{Öl}$ = 90 °C
  - Werkstoff: 16MnCr5

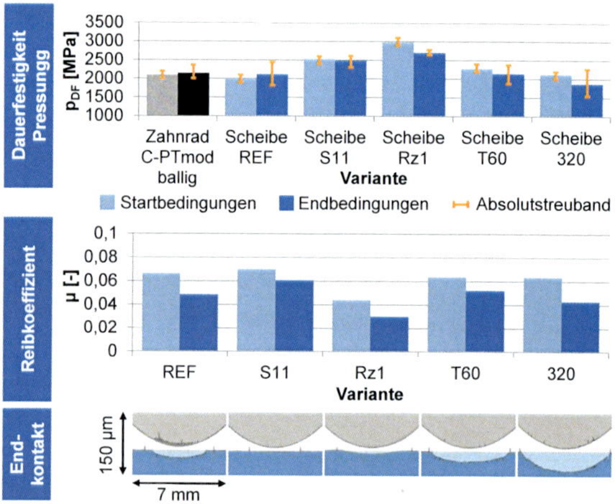

Bild 6.12: Dauerfestigkeitsniveaus und Reibkoeffizienten der Prüfvarianten

Endurance Strength Levels and Friction Coefficients of Test Variants

Die Untersuchungen haben gezeigt, dass der Zahnflankenkontakt und der Zwei-Scheibenkontakt (Variante REF) bei vergleichbaren Prüfbedingungen lokal äquivalent bezüglich der Wälzfestigkeit sind. Dies gilt sowohl für die lastspielzahlabhängige Oberflächenveränderung als auch das Dauerfestigkeitsniveau. Unter Berücksichtigung der Ergebnisse aus Abschnitt 5 konnte die Forschungsfrage 1 positiv beantwortet werden.

Darüber hinaus wurde beobachtet, dass mit der Variation der tribologischen Kontaktbedingungen eine Veränderung des Dauerfestigkeitsniveaus einherging. Eine eindeutige Korrelation der Dauerfestigkeit mit dem gemessenen Reibkoeffizienten oder der Oberflächenveränderung lag nicht unmittelbar vor. Somit müssen sowohl die tribologischen Betriebsbedingungen als auch die verschleißbedingte Kontaktgeometrie in einem lokalen Rechenverfahren berücksichtigt werden.

7 Numerische Methode zur Wälzfestigkeitsberechnung

Numeric Method for Contact Fatigue Calculation

Die Untersuchungen in Abschnitt 6 zeigen, dass bei ähnlichen lokalen Kontaktbedingungen vergleichbare Oberflächenveränderungen und Schäden im Zahnflankenkontakt und Zwei-Scheibenkontakt resultierten. Bei Variation der Kontaktgeometrie und Betriebsbedingungen kam es zu Verschiebungen des Dauerfestigkeitsniveaus. Diese Einflüsse sind relevant und müssen im lokalen Rechenansatz berücksichtigt werden. Anhand der Schadensbilder zeigte sich, dass sich die Ermüdung abhängig von den Kontaktbedingungen im Volumen sowie an der Oberfläche unterschied. Daher ist eine getrennte Beurteilung im Volumen und an der Oberfläche zielführend, **Bild 7.1**.

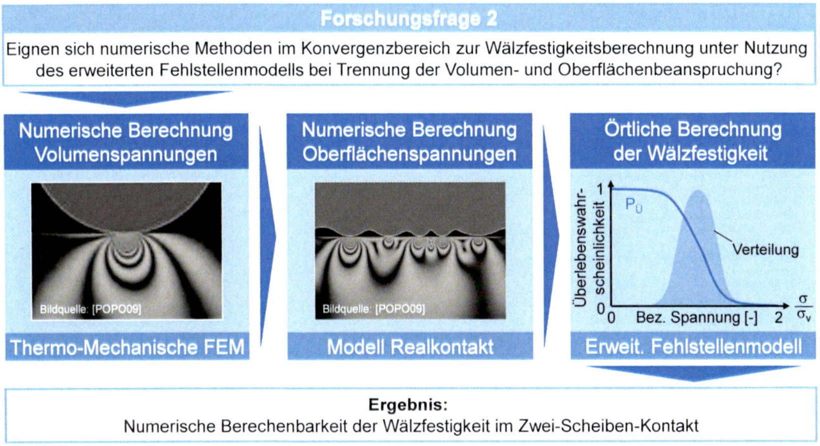

Bild 7.1: Vorgehensweise – Forschungsfrage 2

Approach – Research Question 2

Fraglich ist, ob mit numerischen Rechenansätzen eine Wälzfestigkeitsberechnung möglich ist. Dazu wurde der thermo-mechanische Beanspruchungszustand ermittelt. Für die Volumenspannungsberechnung wurde ein kommerzielles FEM-Programm eingesetzt, da die FEM bei Beachtung der Konvergenz eine hohe Abbildungs- und Rechenflexibilität sowie Genauigkeit bietet. Für die behandelte Fragestellung wurde ein neuartiges Modell aufgebaut. Technische Oberflächenkontakte können derzeit nicht recheneffizient mit der FEM abgebildet werden. Daher wurde hierfür ein neues Rechenverfahren auf Grundlage der Halbraumtheorie entwickelt, das auf Topografiemessungen der Oberfläche basiert. Die Beurteilung der Beanspruchungszustände im Bauteilvolumen und der oberflächennahen Randzone erfolgte jeweils im erweiterten Fehlstellenmodell, vgl. Abschnitt 2.3.3. Da dieses Modell bislang für die Berechnung der Zahnfußtragfähigkeit validiert ist, vgl. [ZUBE08], waren Anpassungen der Berechnungsmethode zur Überführung auf den Zahnflankenkontakt erforderlich.

7.1 Konzeption der Berechnungsmethode

Conception of Calculation Method

Das Konzept der Berechnungsmethode zur Wälzfestigkeitsberechnung ist in **Bild 7.2** dargestellt. Zur Bestimmung der Überlebenswahrscheinlichkeit ist die Bereitstellung von Eingangsdaten bezüglich der Geometrie, äußeren Kontaktbelastung und Werkstoffeigenschaften erforderlich. Auf deren Basis werden getrennt die Überlebenswahrscheinlichkeit für die Oberfläche (Analyse im Halbraum) und das Bauteilvolumen (FEM-Analyse) berechnet.

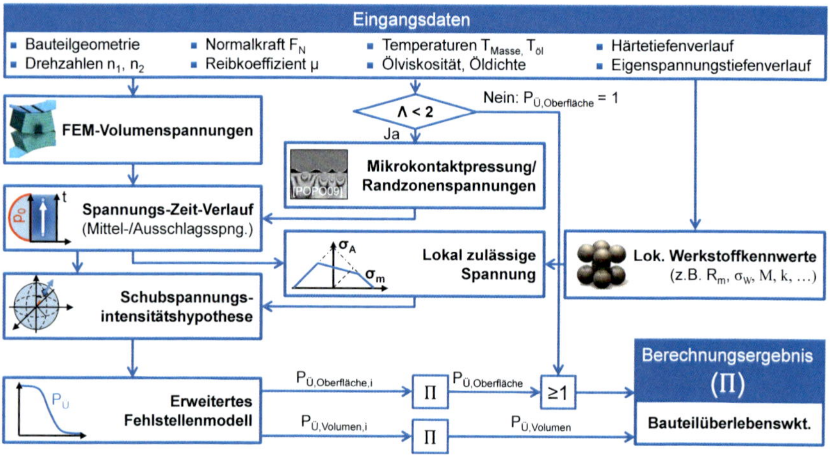

Bild 7.2: Methode zur lokalen Wälzfestigkeitsberechnung

Method for Local Rolling Contact Fatigue Calculation

Die den Berechnungen zugrunde gelegte, vorgegebene Massentemperatur kann aus Messungen vorgegeben oder alternativ z.B. auf Grundlage der Öleinspritz- und Blitztemperatur nach [THEY67] gemäß [TENB12] bestimmt werden, **Formel (7.1)**.

$$T_M = T_{Öl} + 0{,}275 \cdot T_{Fl} \tag{7.1}$$

Auf Basis der Eingangsdaten erfolgt zunächst eine vereinfachte Analyse des Schmierungszustands anhand des Schmierfilmparameters Λ. Im Gegensatz zu der häufig in der Literatur verwendeten Bezugnahme auf die arithmetische Rauheit R_a wird die thermisch korrigierte Schmierfilmdicke analog zu [VOLG91] auf die in der Tribologie gebräuchliche quadratische Rauheit R_q bezogen, **Formel (7.2)**.

$$\Lambda = \frac{h_{0,th}}{\sqrt{R_{q,1}^2 + R_{q,2}^2}} \tag{7.2}$$

Liegt eine ausreichende Oberflächentrennung vor (Λ > 2) wird angenommen, dass die Oberflächen nicht miteinander kontaktieren und nur eine Berechnung und Auswertung der Volumenspannungen erforderlich sind. Anderenfalls erfolgt ebenfalls eine Mikrokontaktberechnung. Die aus den beiden Spannungsberechnungsmodellen ermittelten Beanspruchungen werden anschließend gleichermaßen, aber getrennt voneinander ausgewertet. Die Zeitabhängigkeit des Wälzvorgangs wird anhand von Spannungs-Zeit-Verläufen aus den errechneten Spannungsfeldern für diskrete Punkte im Prüfkörperquerschnitt repräsentiert und anschließend zusammen mit den Werkstoffeigenschaften in der durch [HERT03] modifizierten Variante der Schubspannungsintensitätshypothese (SIH) nach [LIU91] beurteilt. Diese Variante der SIH wird in der vorliegenden Arbeit bezüglich der berücksichtigten Eingangsgrößen um die Lastmittelspannungen erweitert. Abschließend wird im erweiterten Fehlstellenmodell getrennt die aus den Volumen- und Oberflächenbeanspruchungen resultierende Überlebenswahrscheinlichkeit bestimmt und nach Formel (2.13) zur Gesamtbauteilüberlebenswahrscheinlichkeit zusammengeführt. Der Vergleich mit den Testläufen erfolgt für eine Überlebenswahrscheinlichkeit von $P_Ü$ = 50 %.

7.2 Volumenbeanspruchungszustand im Wälzkontakt

Volume Stresses in Rolling Contact

Die Analyse der Volumenbeanspruchung erfolgte mit der Methode finiter Elemente (FEM). Aufgrund des dreidimensionalen FE-Berechnungsansatzes wurde für die endliche Kontaktfläche im Punktkontakt eine exaktere Abbildung des Spannungszustands als nach der zweidimensionalen Halbraumtheorie erwartet, die einen ebenen Dehnungszustand voraussetzt. Der berechnete lokale Lastspannungstensor berücksichtigt die Normal-, Tangential- und Temperaturspannungen. Die thermomechanische FE-Analyse mit beliebigen Kontaktgeometrien zur nachfolgenden Tragfähigkeitsberechnung im Wälzkontakt war nicht Stand der Forschung und bedurfte daher einer Konvergenzanalyse und Einordnung der Ergebnisse. Die nachfolgende Darstellung erweitert die Erkenntnisse aus [BREC12c, BREC14a, BREC14b].

7.2.1 Berechnungsmodell

Calculation Model

Die FEM-Simulation des thermo-mechanischen Beanspruchungszustands im Zwei-Scheibenkontakt wurde mit der Software Abaqus/CAE 6.12 durchgeführt. Zur Reduktion des Berechnungsumfangs wurden die Prüf- und Gegenwelle als Scheibensegmente mit reduzierter Ringstärke beschrieben. Die radiale Begrenzung erfolgte durch ideal-steife Innenringe mit ausreichendem Abstand zur wälzbeanspruchten Kontaktzone. Mit den aus den Prüfbedingungen übernommenen Werten für die Normalkraft, des Coulomb'schen Reibkoeffizienten sowie den jeweiligen Rotationsgeschwindigkeiten wurden die Körper aufeinander abgewälzt. Basierend auf den Eingabedaten wurde das System aus Navier-Laméschen Differenzialgleichungen durch Solver gelöst und das Ergebnis mittels eines Postprozessors analysiert und ausgewertet.

Die wesentlichen Bestandteile des thermo-mechanischen FEM-Simulationsmodells waren ein Prüfwellenabschnitt, ein Gegenwellenabschnitt und zwei ideal-steife Innenringe, **Bild 7.3**. Beide Wellenabschnitte waren partitioniert und unterschiedlich fein vernetzt. Zur Reduzierung der Rechenzeit wurde das Netz ausgehend vom fein vernetzten Zentralbereich gradiert gestaltet. Die genaue Position des jeweiligen Partitionierungsabschnitts wurde auf den abzubildenden Schlupfzustand abgestimmt. Die Einleitung der Normalkräfte erfolgte an den Mittelpunkten der ideal-steifen Innenringe, sodass im Kontakt keine Singularitäten erzeugt wurden.

Da aufgrund der notwendigen Genauigkeit die verfügbare Rechenleistung nicht ausreichte, das Modell mehrfach über den kompletten Umfang abzurollen, wurde ausschließlich über einen Teilausschnitt abgewälzt. Zur Beschreibung der thermomechanischen Einflussgrößen war dieses Vorgehen ausreichend, da die sich quasistationär einstellende Massentemperatur für die Beanspruchungsberechnung global vorgegeben und das aus dem Kontaktvorgang resultierende lokale Temperaturfeld überlagert wurde. Ebenfalls wurde die Breite des Prüfwellen- und Gegenwellenabschnitts von real b = 14 mm auf b = 8 mm verringert, da der Wärmeeintrag in der Kontaktstelle gemäß der Laufbahnbreite lokal begrenzt war. Der Werkstoff wurde homogen und isotrop modelliert. Voruntersuchungen zeigten, dass eine Temperaturabhängigkeit der Werkstoffeigenschaften, z.B. des E-Moduls, im untersuchten Temperaturbereich vernachlässigt werden konnten.

- **Prüfkörpergeometrie**
  $d_{1/2}$ = 42,05 mm
  $C_{bal1/2}$ = 0 / 108 µm
  b = 14 mm
- **Materialeigenschaften**
  c = 431 J/kgK
  α = $1{,}18 \cdot 10^{-5}$ 1/K
  λ = 44 W/mK
  ρ = 7850 kg/m³
  E = 210 GPa
  ν = 0,3
- **Simulationsprogramm**
  Abaqus/CAE
  Prüwelle: 73164 Elemente
  Gegenwelle: 10296 Elemente

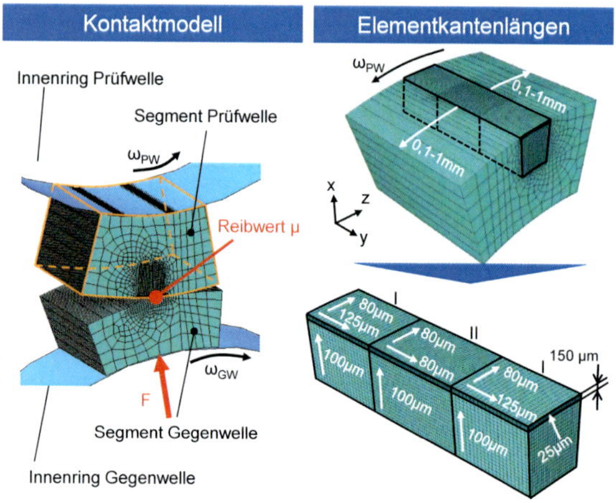

Bild 7.3: FEM-Modellaufbau

FEA-Model Setup

Das thermo-mechanische Simulationsmodell wurde in drei Simulationsschritte unterteilt. Zunächst wurden im ersten Schritt die Simulationsbedingungen festgelegt. Dazu zählten die Fesselungsbedingungen der translatorischen und rotatorischen Bewegung und die Starttemperatur. In einem nächsten Schritt wurde die Normalkraft statisch auf das ruhende System aufgebracht. Davon ausgehend stieg der Betrag der Normalkraft bis auf den Endbetrag an. Im letzten Schritt erfolgte die Abwälzsimulation des Modells bei definierter Winkelgeschwindigkeit von Prüf- und Gegenwelle entsprechend der kinematischen Kontaktbedingungen. Dieser Simulationsschritt war transient und bestimmte in der Gleichgewichtsfindung über mehrere Zeitinkremente sowohl die mechanischen als auch thermischen Beanspruchungsgrößen.

Als Elementtyp wurden C3D8T-Elemente verwendet. Dabei handelte es sich um Vernetzungselemente erster Ordnung, bei denen Simulationsgrößen durch lineare Interpolation zwischen den Knotenpunkten des Elements berechnet wurden. Diese Vorgehensweise war wegen der hohen Netzfeinheit zulässig und erlaubte eine schnellere Berechnung des Modells als die Verwendung von Elementen mit quadratischer Ansatzfunktion. Die Berechnung erfolgte mittels des impliziten Gleichungsauflösungsverfahrens, da die lokalen, thermisch-mechanischen Kontaktvorgänge eine entsprechende Robustheit des Solvers voraussetzten.

7.2.2 Konvergenzanalyse zur Modellgüte

Convergence Analysis Regarding Model Accuracy

Zur lokalen Wälzfestigkeitsberechnung sind quantitativ exakte Eingangsgrößen erforderlich. Da es sich um einen neuen FEM-Modellierungsansatz handelte, wurden Konvergenzstudien zur Ermittlung der erforderliche Vernetzungsdichte im Kontaktbereich durchgeführt. Das Konvergenzniveau wurde anhand der mechanischen Kenngröße der maximalen Hertz'schen Pressung des FEM-Modells mit den Ergebnissen der Berechnung nach der idealen Hertz'schen Kontakttheorie [HERT81] eingeordnet. Zudem wurde die Vergleichsspannung nach dem von-Mises-Kriterium in der Abschätzung nach [GROT11] betrachtet, **Formeln (7.3)-(7.5)**.

$$p_H = \frac{1}{\xi \cdot \eta} \cdot \sqrt[3]{\frac{3 \cdot F_N \cdot (\sum k)^2}{8 \cdot \pi^3} \cdot \left(\frac{E}{(1-\nu^2)}\right)^2} \tag{7.3}$$

$$A = \pi \cdot \xi \cdot \eta \cdot \sqrt[3]{\left(\frac{3 \cdot F_N}{\sum k} \cdot \frac{1-\nu^2}{E}\right)^2} \tag{7.4}$$

$$\sigma_{v,GEH} \approx 0{,}56 \cdot p_H \tag{7.5}$$

In **Bild 7.4** ist die Modellkonvergenz für verschiedene Vernetzungsdichten im fein vernetzten Bereich angegeben. Der FEM-Simulationsfall wurde im ersten Schritt für die Konvergenzstudie in Analogie zur Hertz'schen Theorie statisch ohne Überlagerung von Umfangsgeschwindigkeiten und Reibungseffekten gewählt, um eine geeignete Vergleichsgrundlage zu schaffen. Ebenfalls wurde der konvex-konvexe Zwei-Scheibenkontakt zur Reduzierung der Modellgröße auf die Kontaktform Scheibe gegen Ebene reduziert. Dazu wurde der Ersatzkrümmungsradius des Zwei-Scheibenkontakts auf die Ersatzscheibe aufgeprägt. Jedes Diagramm repräsentiert einen der oben genannten Kennwerte und stellt dem von der Netzdichte abhängigen Ergebnis den entsprechenden Vergleichswert nach der Hertz'schen Kontakttheorie gegenüber. Die Simulationsergebnisse wiesen für die Beanspruchungskenngrößen ab einer Vernetzung mit einer maximalen Kantenlänge von l_{FE} = 0,5 mm eine Konvergenz gegen die analytischen Ergebnisse aus der Theorie nach Hertz auf. Lediglich in der Vergleichsspannung stellte sich ein anderes Konvergenzniveau gegenüber

Formel (7.5) ein, bei der es sich allerdings um eine Näherungsformel handelt. Hinsichtlich des beanspruchten Randzonenbereichs wurde eine maximale Elementgröße von l_{FE} = 0,15 mm als geeignet definiert.

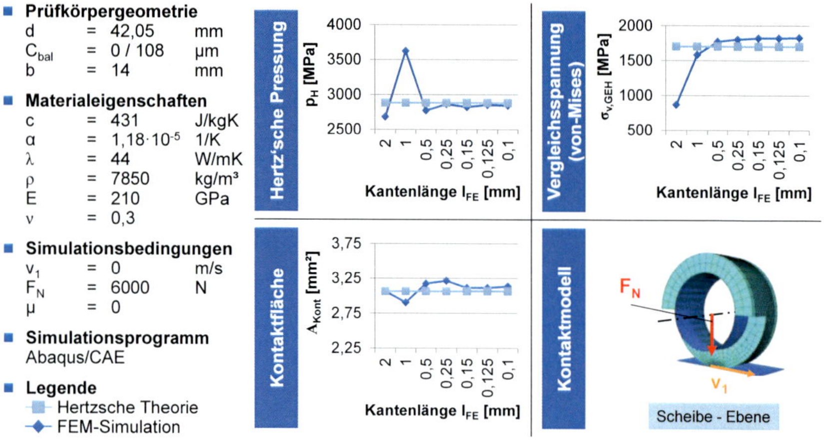

Bild 7.4: Konvergenz der mechanischen Beanspruchungsgrößen – Statische Analyse
Convergence of Mechanical Strains – Static Analysis

Die Vernetzung und Freiheitsgrade der statischen Konvergenzanalyse erlaubten keine Bewertung einer thermischen Berechnung. Es wurden daher weitere Verfeinerungen der obersten Elementschichten bis zu der in Bild 7.3 angegebenen Elementgeometrie durchgeführt. Für diesen Vernetzungszustand wurde die Güte der Berechnung bezüglich der thermischen Beanspruchung analysiert. Dazu wurde das reibungsbehaftete Modell unter Vorgabe eines definierten Gleitzustands aufeinander abgewälzt. Die Bedingungen entsprachen dem in Abschnitt 7.2.1 vorgestellten Zielmodell. Die in der FEM ermittelte Kontakttemperatur wurde mit den Ergebnissen der Blitztemperaturberechnung nach [THEY67] verglichen, **Formel (7.6)**. Die Blitztemperatur beschreibt den durch die Gleitreibleistung induzierten Anstieg der Oberflächentemperatur im Wälzkontakt. Durch Gleitreibung wird Wärmeenergie erzeugt und im Hertz'schen Kontakt über der Kontaktbreite an die Oberfläche abgegeben.

$$\vartheta_{fl} = \frac{0{,}873 \cdot \mu \cdot p_H \cdot \sqrt{2 \cdot b_0 \cdot |v_{T1} - v_{T2}|}}{\sqrt{B_{M1} \cdot v_{T1}} + \sqrt{B_{M2} \cdot v_{T2}}} \tag{7.6}$$

Die Blitztemperaturen sowie die FEM-Kontakttemperaturdifferenzen wurden bei variierenden Pressungen und einem konstanten Reibwert von μ = 0,05 sowie bei variierenden Reibwerten und einer konstanten Pressung von p_H = 2000 MPa bestimmt und verglichen, siehe **Bild 7.5**. Es zeigte sich eine Übereinstimmung der Kennwerte sowohl für variierende Reibwerte als auch für variierende Pressungen.

Die Konvergenzanalysen gaben die notwendige Netzfeinheit an. Die Gesamtgröße der fein vernetzen Partition ergab sich aus der zu erwartenden Wirktiefe der Spannungsverteilung aus dem Wälzkontakt. Auf dieser Grundlage konnten die Dimensionen in radialer und axialer Richtung der Feinvernetzung zweckmäßig festgelegt werden. Außerhalb des lokal fein vernetzten Partitionierungsbereichs erfolgte die Vernetzung mittels Gradienten. Durch diese Maßnahme wurden Elementbereiche, die nicht ausgewertet wurden, gröber vernetzt und die Modellgröße reduziert.

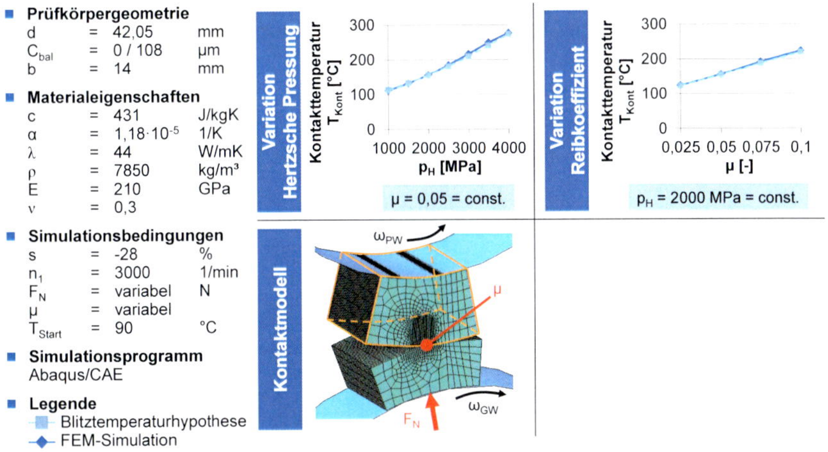

Bild 7.5: Konvergenz der thermischen Beanspruchungsgrößen – Abwälzende Analyse

Convergence of Thermal Strains – Rolling Analysis

7.2.3 Berücksichtigung beliebiger Kontaktgeometrien

Consideration of Random Contact Geometries

Unter Last kann sich während eines Versuchslaufs im Zwei-Scheibenprüfstand die Kontaktgeometrie in Abhängigkeit der Kontaktbedingungen durch Abrasion, Plastifizierung und Mikroermüdung verändern, vgl. Abschnitt 6.3. Für die exakte Spannungsberechnung im Wälzkontakt war daher eine flexible Abbildung der sich durch den Versuchslauf einstellenden Kontaktgeometrie erforderlich.

Eine charakteristische Verschleißform des Zwei-Scheibenkontakts zeigt **Bild 7.6** oben. Die geometrische Form der Verschleißgeometrie ist vergleichsweise einfach und entspricht näherungsweise einem Halbkreis, der durch die charakteristische Pressungsverteilung mit dem Beanspruchungsmaximum in der Laufbahnmitte entstehen kann. Die Verschleißfläche kann anhand der Kennwerte der verschlissenen Laufbahnbreite b_V, der Verschleißtiefe t_V sowie des Verschleißradius r_V modellhaft beschrieben werden. Unter Annahme eines Halbkreises ist zur Modellierung der verschleißbehafteten Geometrie die Kenntnis von zwei der drei Größen ausreichend. Die Kenngrößen können in der FEM-Modellbildung in der Definition der Prüfkörpergeometrie unter Verwendung von Standardformelementen berücksichtigt werden.

Neben der Berücksichtigung halbkreisförmiger Verschleißbilder sollte das FEM-Modell ebenfalls die Vorgabe beliebiger Verschleißgeometrien erlauben, da ebenfalls unsystematische Verschleißzustände resultieren konnten. Dies war insbesondere dann erforderlich, wenn sowohl die Prüf- als auch die Gegenwelle verschleißbehaftet waren. Zur Modellvereinfachung wurde die veränderte Kontaktgeometrie in Form des resultierenden Summenverschleißes von Prüfwelle und Gegenwelle nur auf die Prüfwelle aufgegeben. Die Abbildung der resultierenden Laufbahngeometrie war nun mit Standardformelementen sehr erschwert. Stattdessen wurde der Verschleißverlauf in Form von zweidimensionalen, kartesischen Koordinaten vorgegeben und anhand eines Splines beschrieben, Bild 7.6 unten.

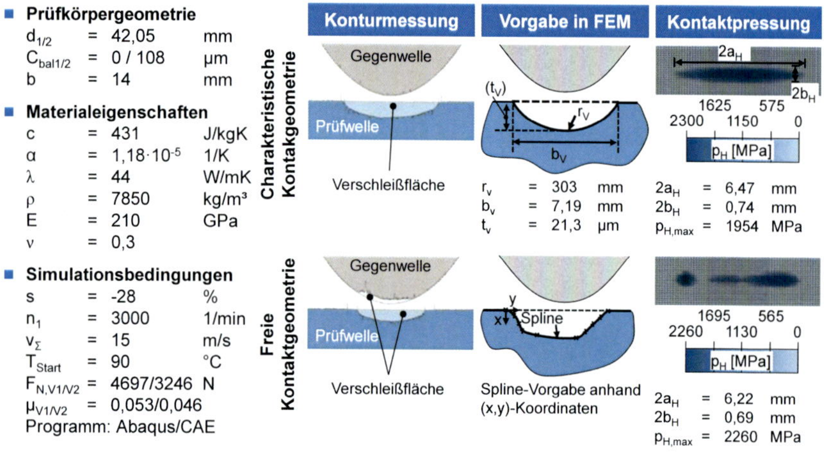

Bild 7.6: Berechnung eines verschleißbehafteten Kontakts

Calculation of Contacts Subject to Wear

Das Grundmodell für die numerische Analyse bei beliebiger Kontaktgeometrie entsprach dem thermo-mechanischen FEM-Abwälzmodell aus Abschnitt 7.2.1. Bei der symmetrischen, regelmäßigen Verschleißform entwickelte sich über einen Teil des beanspruchten Laufbahnbereichs in der axial-radialen Schnittebene ein konvex-konkaver Kontaktbereich. Gegenüber der Ausgangskontaktgeometrie führte das zu niedrigeren Pressungen. So lag der Vergleichswert der exemplarisch in Bild 7.6 analysierten Variante gegenüber dem idealen Kontakt ($p_{H,V1,ideal}$ = 2301,4 MPa) um Δp_H = -15,1 % niedriger. Unregelmäßige Verschleißformen konnten zu einer Beanspruchungssteigerung führen. Für die zweite Variante lag die sich einstellende Maximalpressung gegenüber der idealen Ausgangspressung ($p_{H,V2,ideal}$ = 2027,8 MPa) um Δp_H = 11,5 % höher. Die über dem Versuchslauf veränderlichen Kontaktbedingungen beeinflussen somit die Spannungsverteilung im Volumen, was mit der numerischen Methode berücksichtigt werden kann.

7.2.4 Vergleichende Analyse der Berechnungsergebnisse des FEM-Modells

Comparative Analysis of Calculation Results of FEA Model

Bestehende Analysen zum Spannungszustand im Wälzkontakt wurden insbesondere mit der Halbraumtheorie durchgeführt [BÖRN76, OSTE82, ELST93, HERT03,

BART00, WIRT08, BART09]. Die FEM-Analyse zahnradtypischer Beanspruchungsbedingungen erfolgte z.B. zweidimensional [BUGI09], auf die Oberfläche bezogen [BAGH15] oder ohne Berücksichtigung thermischer Beanspruchungen [TEKE12]. Daher soll nachfolgend eine Vergleich der Berechnungsergebnisse des 3D-FEM-Modells mit der Halbraumtheorie erfolgen. Zunächst werden die zum Vergleich herangezogenen Berechnungsgrundlagen der Halbraumtheorie zusammengeführt. Anschließend werden die Berechnungsergebnisse gegenübergestellt.

Die Einordnung der Ergebnisse aus der FEM wurde vergleichend zur ebenen Halbraumtheorie anhand eines idealglatten Kontakts durchgeführt. Der Vergleich erfolgte anhand der sich aus der Normal-, Tangential- und thermischen Beanspruchung ergebenden Komponenten des Spannungstensors.

Spannungstensor in der Halbraumtheorie

Der Gesamtspannungstensor aus thermischer und mechanischer Beanspruchung resultiert aus der Superposition der verschiedenen Beanspruchungsbestandteile für die verschiedenen Raumrichtungen, **Formel (7.7)**. Zur Beurteilung des Beanspruchungszustands am Volumenelement kann die Rückführung des Spannungszustands auf eine einachsige Vergleichsspannung erfolgen, z.B. gemäß der Gestaltänderungsenergiehypothese in der Interpretation nach von-Mises, **Formel (7.8)**.

$$\underline{\sigma_{ges,i}} = \begin{pmatrix} \sigma_x & \tau_{xy} & \tau_{xz} \\ \tau_{yx} & \sigma_y & \tau_{yz} \\ \tau_{zx} & \tau_{zy} & \sigma_z \end{pmatrix}_i = \underline{\sigma_{N,i}} + \underline{\sigma_{T,i}} + \underline{\sigma_{\vartheta,i}} \tag{7.7}$$

$$\sigma_{v,GEH,i} = \sqrt{\sigma_{x,i}^2 + \sigma_{y,i}^2 + \sigma_{z,i}^2 - \left(\sigma_{x,i} \cdot \sigma_{y,i} + \sigma_{y,i} \cdot \sigma_{z,i} + \sigma_{z,i} \cdot \sigma_{x,i}\right) + 3\left(\tau_{xy,i}^2 + \tau_{yz,i}^2 + \tau_{zx,i}^2\right)} \tag{7.8}$$

Die Ermittlung der Spannungskomponenten des mechanischen Spannungstensors erfolgt in der Halbraumtheorie nach den Airy'schen Spannungsfunktionen [AIRY62]. Die Normalspannungskomponente in die dritte Raumrichtung ergibt sich aus der Querkontraktion zur Hauptbeanspruchungsebene, **Formeln (7.9)-(7.15)**.

$$\sigma_{x,N,i} = -\frac{2}{\pi} \cdot \int_{-b_0}^{b_0} p_K(y^*) \cdot \frac{x^3}{[x^2 + (y - y^*)^2]^2} dy^* \tag{7.9}$$

$$\sigma_{y,N,i} = -\frac{2}{\pi} \cdot \int_{-b_0}^{b_0} p_K(y^*) \cdot \frac{x \cdot (y - y^*)^2}{[x^2 + (y - y^*)^2]^2} dy^* \tag{7.10}$$

$$\tau_{xy,N,i} = -\frac{2}{\pi} \cdot \int_{-b_0}^{b_0} p_K(y^*) \cdot \frac{x^2 \cdot (y - y^*)}{[x^2 + (y - y^*)^2]^2} dy^* \tag{7.11}$$

$$\sigma_{x,T,i} = -\frac{2}{\pi} \cdot \int_{-b_0}^{b_0} p_K(y^*) \cdot \mu \cdot \frac{x^2 \cdot (y - y^*)}{[x^2 + (y - y^*)^2]^2} dy^* \quad (7.12)$$

$$\sigma_{y,T,i} = -\frac{2}{\pi} \cdot \int_{-b_0}^{b_0} p_K(y^*) \cdot \mu \cdot \frac{(y - y^*)^3}{[x^2 + (y - y^*)^2]^2} dy^* \quad (7.13)$$

$$\tau_{xy,T,i} = -\frac{2}{\pi} \cdot \int_{-b_0}^{b_0} p_K(y^*) \cdot \mu \cdot \frac{x \cdot (y - y^*)^2}{[x^2 + (y - y^*)^2]^2} dy^* \quad (7.14)$$

$$\sigma_{z,i} = \nu \cdot \left(\sigma_{x,N,i} + \sigma_{x,T,i} + \sigma_{y,N,i} + \sigma_{y,T,i} + \sigma_{y,\vartheta,i}\right) \quad (7.15)$$

Der Energieeintragsmechanismen, die zu einer thermischen Beanspruchung führen, sind der Ausgleich der Massentemperaturen der kontaktierenden Körper sowie zu dominierenden Anteilen das reibungsbehaftete Abwälzen. Die Lösung der jeweiligen, linear überlagerten Differenzialgleichungen erfolgt numerisch mittels Laplace-Transformation und Rückführung in den Originalraum nach [MAYI86]. Die Grundlage der Berechnung der thermischen Beanspruchung ist die örtlich im Kontakt vorliegende Wärmestromdichte, aus der sich das örtliche Temperaturfeld im Halbraum errechnen lässt. Exemplarisch ist der Anteil der Reibdissipation am Temperaturfeld unterhalb des belasteten Oberflächenbereichs in **Formel (7.16)** dargestellt. Die sich anschließende Temperaturspannungsberechnung folgt dem Hookeschen Gesetz unter Annahme isotropen Materialverhaltens. Die aus dem Temperaturfeld resultierenden Spannungen $\sigma_{y,\vartheta}$ und $\sigma_{z,\vartheta}$ weisen gleiche Werte auf, während der Spannungsanteil in radialer Richtung $\sigma_{x,\vartheta}$ nach [MAYI86] infolge der modellbedingt ungestörten Ausdehnung vernachlässigbar ist, **Formel (7.17)**.

$$\theta_{1,q}(\xi,\zeta) = \frac{1}{\sqrt{Pe_1} + \gamma \cdot \sqrt{Pe_2}} \cdot \frac{1}{\sqrt{\pi}} \cdot \int_0^{\xi} \frac{\dot{\varphi}(\xi^*)}{\sqrt{\xi - \xi^*}} \cdot e^{-\frac{Pe_1 \cdot \zeta^2}{4 \cdot (\xi - \xi^2)}} d\xi^* \quad (7.16)$$

$$\sigma_{y,\vartheta,i} = \sigma_{z,\vartheta,i} = -\frac{E}{1 - \nu} \cdot \alpha \cdot \Delta T \quad (7.17)$$

Vergleich der thermischen Beanspruchungen

Zunächst wurden die Temperaturspannungen nach der 3D-FEM und Halbraumtheorie ermittelt und miteinander verglichen. Die Ergebnisse der Temperaturfeld- und darauf aufbauenden Temperaturspannungsberechnung im Halbraum im Vergleich zu den Ergebnissen der 3D-FEM zeigt **Bild 7.7**. Für die Berechnung wurden typische Betriebsbedingungen des Zwei-Scheibenversuchs hinsichtlich Geschwindigkeiten, Normalkräfte, Reibung und Temperatur gewählt. Die Analyse erfolgte in der radial-tangentialen Schnittebene (x,y) mittig auf der Laufbahnbreite der Prüfwelle, sodass die Ebene maximaler Beanspruchung im Punktkontakt analysiert wurde. Die errechneten Spannungen lieferten in Verlauf und hinsichtlich ihrer Werte nach beiden Berechnungsansätzen vergleichbare Ergebnisse, die sich im betrachteten Fall um $\Delta\sigma_{\vartheta,max}$ = 4,7 % unterschieden. Nach beiden Berechnungsmodellen beschränkte sich der Temperatureinfluss auf die obere Randschicht, wobei das Temperaturspannungsmaximum an der Oberfläche auftrat. Die Lagen der Temperaturspannungsmaxima beider Verfahren waren vergleichbar. Nach der Halbraumtheorie breitete sich das Temperaturfeld etwas zügiger in tiefere Werkstoffschichten aus als nach der 3D-FEM. Entgegen der Halbraumtheorie wurde in der FEM ein hydrostatischer Spannungszustand berechnet. Demnach bewirkten die Temperaturspannungen keine Formänderung, sondern eine reine Volumenänderung. Somit führte der Temperaturdruckspannungszustand nach der 3D-FEM nicht zu einer Änderung der Werte in den klassischen Vergleichsspannungshypothesen, wie z.B. der Gestaltänderungsenergie.

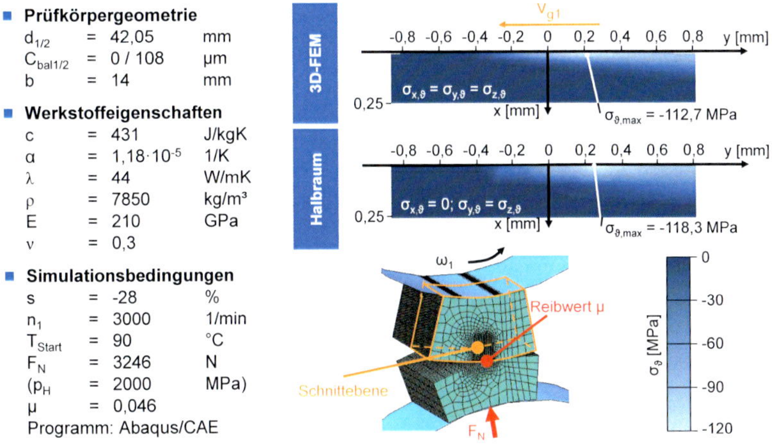

Bild 7.7: Temperaturspannungen im Halbraum und in der 3D-FEM
Temperature Stresses in Half Space and 3D-FEA

Vergleich der thermo-mechanischen Beanspruchungen

Die vergleichende Analyse der Berechnungsergebnisse der Einzelkomponenten des Gesamtspannungstensors ist in **Bild 7.8** abgebildet. Sowohl für die Halbraumtheorie als auch für die 3D-FEM wurden dieselben Betriebsbedingungen wie zur Analyse der Temperaturspannungen betrachtet. Die Auswertung erfolgte in derselben Schnittebene, wobei die Berechnungsergebnisse der beiden Modelle jeweils gespiegelt gegenübergestellt sind. Jeweils oben ist das Ergebnis der 3D-FEM, unten das der Halbraumtheorie abgebildet. Nicht dargestellt sind die Ergebnisse für die Komponenten τ_{xz} und τ_{yz}, die in der Halbraumtheorie vernachlässigt werden und ebenfalls in der 3D-FEM vernachlässigbare Werte $\tau_{xz} = \tau_{yz} \approx 0$ MPa ergaben. Durch den Übergang zum ebenen Spannungszustand wurden für außermittige Schnittebenen in der 3D-FEM jedoch gegenüber der Halbraumtheorie nicht vernachlässigbare Spannungsbeträge auch für diese Schubspannungskomponenten errechnet, was auf eine exakte Abbildung durch die FEM hinweist.

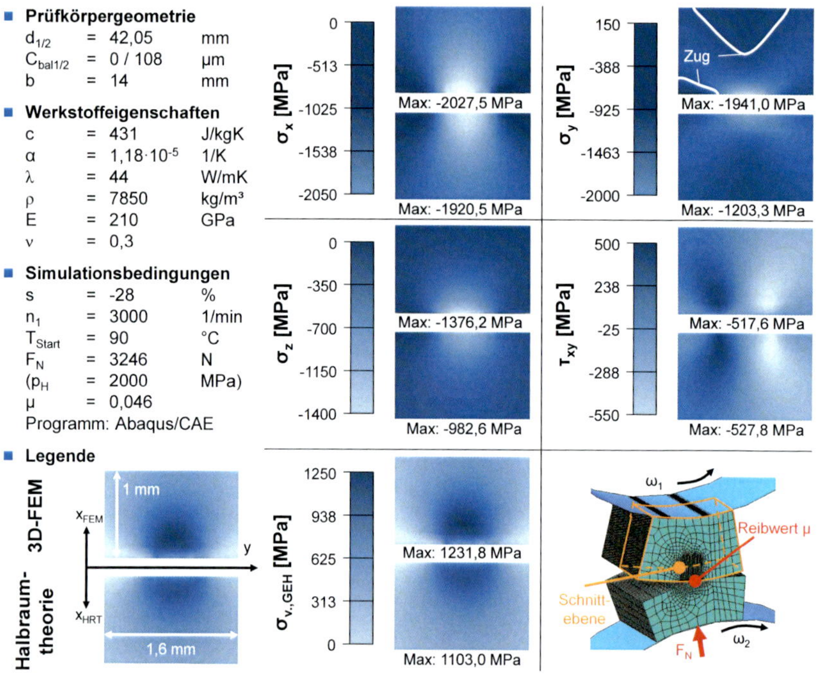

Bild 7.8: Vergleich der Spannungskomponenten nach 3D-FEM und Halbraumtheorie
Comparison of Stress Components acc. to 3D-FEA and Half Space Theory

Die Verläufe und Orte der Maxima aller Spannungskomponenten waren für beide Rechenansätze vergleichbar. Es ergab sich jeweils eine leichte Asymmetrie der Verteilung infolge der Tangentialbeanspruchung. Abgesehen von der Normalspannung in radialer Richtung σ_x ließen sich jedoch Unterschiede in den Beträgen der Maximalspannungen erkennen. Für die Normalspannungen wurden die Werte in der 3D-FEM höher und für die Schubspannungen niedriger berechnet.

Für die Normalspannungen in tangentialer Richtung σ_y ergaben sich in der 3D-FEM bereits in moderater Tiefe von ca. t = 0,5 mm sowie unmittelbar an der Oberfläche Zugspannungszustände. Die Entstehung von Zugspannungen an der Oberfläche in Abhängigkeit der Zusammensetzung von Temperaturspannungen und Tangentialspannungen war bekannt und rechnerisch in der Halbraumtheorie abbildbar [NEUP83, MAYI86, SCHR00]. Das Auftreten von Zugspannungen in der Tiefe ergab sich nicht nach der Halbraumtheorie (vgl. auch Ergebnisse zur Halbraumtheorie nach [OSTE82, ELST93, HERT03]). Allerdings wurde das Auftreten von wechselspannungsbedingten Gefügeaufweichungen (material softening) bei Wälzbeanspruchung in diesen Tiefen experimentell belegt [BHAT14]. Daher können die Ergebnisse der 3D-FEM insbesondere hinsichtlich der Analyse der Ermüdungstragfähigkeit in diesen Bereichen der Randzone von Interesse sein.

Die höheren Beträge einzelner Spannungskomponenten nach der 3D-FEM führten zu einem Unterschied der Vergleichsspannung von maximal $\Delta\sigma_{V,GEH}$ = 11,7 %. Das Maximum der Beanspruchung lag für beide Berechnungsverfahren in einer vergleichbaren Tiefe. Ebenso war die Spannungsverteilung in beiden Rechenverfahren ähnlich. Demnach wurden nach der 3D-FEM höhere Beanspruchungszustände berechnet. Dieses Ergebnis kann in Zusammenhang gebracht werden mit Literaturangaben zur Festigkeitsberechnung unter Auswertung der Halbwerttheorie. Demnach wurde eine Schädigung bereits bei Anstrengungen unterhalb der idealen Werkstoffausnutzung (A ≈ 0,8) nachgewiesen [WITZ12, KOLL13]. Hier lagen somit die tatsächlichen Spannungen höher als die errechneten Spannungen. Alternativ lag die Beanspruchbarkeit niedriger als angenommen.

7.3 Oberflächenbeanspruchungszustand im Wälzkontakt

Surface Stresses in Rolling Contact

Die dreischrittige Vorgehensweise zur messdatenbasierten Oberflächenbeanspruchungsberechnung im gesamten Wälzkontakt ist in **Bild 7.9** dargestellt. Die Vorgehensweise baute auf den Erkenntnissen in [BREC14c, BREC15] auf und erweiterte diese. Im ersten Schritt erfolgte die Erfassung und Aufbereitung der Topografiemessdaten von Prüf- und Gegenkörper. Dazu gehören die Erfassung und der Import der Messdaten in Form von 2D-Profilmessungen oder 3D-Topografiemessfeldern. Anschließend wurden die Prüfkörperlaufbahnen zueinander ausgerichtet.

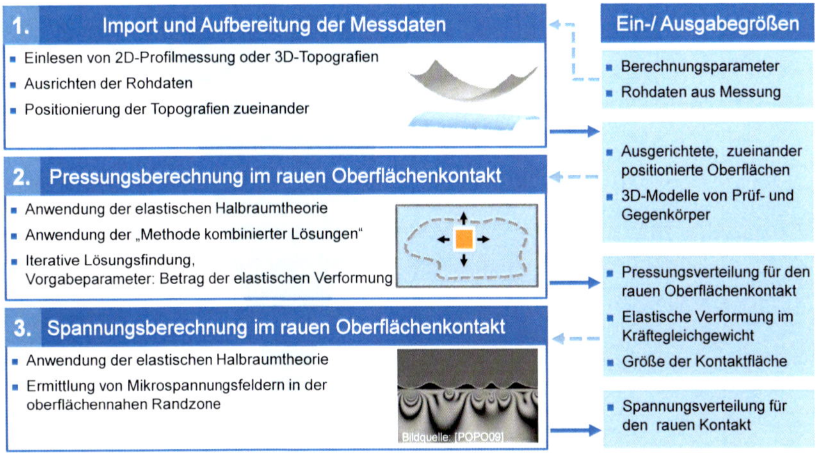

Bild 7.9: Methodik zur messdatenbasierten Spannungsberechnung im rauen Kontakt

Method for Stress Calculation of Rough Contacts based on Measurement

In einem zweiten Schritt wurde auf Basis der Messtopografien die Pressungsverteilung unter Berücksichtigung der Mikrogeometrie der technischen Oberflächen auf Grundlage der lokalen Kontaktabstände mit der Halbraumtheorie berechnet. Das äußere Kräftegleichgewicht wurde iterativ gelöst, indem die vorgegebene elastische

Verformung schrittweise variiert wurde. Die Kontaktberechnung großer Flächen unter Berücksichtigung der Oberflächenstruktur war auf handelsüblichen Rechnern nach heutigem Kenntnisstand aufgrund der benötigten Stützpunktanzahl weder mittels der Halbraumtheorie noch mit der FEM möglich. Bisherige Ansätze beschränkten sich entweder auf die Abbildung kleiner Ausschnitte der Oberflächen [BART09] oder auf die Vorgabe synthetischer Rauheitsprofile z.B. in Form von trigonometrischen Funktionen [HERT03]. Zur flexiblen Berechnung großer Kontaktflächen auf Messdatenbasis wurde mit der „Methode kombinierter Lösungen" ein neues Rechenverfahren zur Berechnung der Pressungsverteilung beliebig großer und beliebig fein vernetzter Geometrien entwickelt. Diese Neuentwicklung einer Methode zur lokal aufgelösten, großflächigen Kontaktrechnung war für eine präzise Kontaktrechnung erforderlich, um den Einfluss technischer Oberflächen nicht zu vernachlässigen oder vereinfacht abzubilden. Bei präziser Kontaktrechnung wurde damit die Berücksichtigung von Kreuzeinflüssen aus umgebenden Kontaktbereichen zum ausgewerteten Oberflächenausschnitt erlaubt. Als Berechnungsgrundlage wurde die Halbraumtheorie mit unregelmäßiger Vernetzung eingesetzt.

Die Mikropressungsverteilung wurde anschließend den bekannten Methoden zur Berechnung der Randzonenspannungen nach der Halbraumtheorie übergeben [BÖRN76]. Untersuchungen mit synthetischen, anhand von Winkelfunktionen vorgegebenen Rauheitsstrukturen zeigten eine Tiefenwirkung der rauheitsbedingten Spannungen bis zu einer Tiefe von $t = 0{,}1 \ldots 0{,}2 \cdot b_0$ [HERT03]. Daher erfolgte nur in diesem Bereich eine Auswertung der Spannungen zur Beurteilung des Oberflächeneinflusses auf die Überlebenswahrscheinlichkeit. Die einzelnen Schritte der Berechnungsmethode werden nachfolgend beschrieben.

7.3.1 Modell zur Pressungsberechnung im rauen Kontakt

Model for Calculation of Pressure in Rough Contact

Methode kombinierter Lösungen

Die Dimension des linearen Gleichungssystems bei der Pressungsberechnung nach der elastischen Halbraumtheorie ist zum einen abhängig von der gewählten Vernetzungsauflösung und zum anderen von der Größe der analysierten Kontaktfläche. Aufgrund der begrenzten Rechenleistung konnten bislang nur kleine Oberflächenausschnitte hochaufgelöst und volltopografisch berechnet werden [BART09]. Der nachfolgend vorgestellte, neue Berechnungsansatz „Methode kombinierter Lösungen" stellt eine Möglichkeit dar, auch für große Kontaktflächen eine vollständige, hochaufgelöste Pressungsverteilung zu berechnen. Die Berechenbarkeit des Kontaktproblems ist damit nicht mehr abhängig von der Größe des Wälzkontakts oder der gewählten Vernetzungsauflösung. Der Modellansatz ist linear-elastisch.

Die Nutzung nicht-konformer Netze mit lokal hochaufgelösten Bereichen stellt die Grundlage der „Methode kombinierter Lösungen" dar, **Bild 7.10**. Bei dieser Methode wird nur ein Teil des gesamten Kontaktbereichs entsprechend den Anforderungen der Oberflächentopografie fein vernetzt. Der umgebende Kontaktbereich wird mit größeren Elementen vernetzt, in die Berechnung einbezogen und damit dessen Kreuzeinfluss auf den analysierten, fein vernetzten Bereich nicht vernachlässigt. Die Pressungsverteilung wird anschließend mit bestehenden Lösungsverfahren aus der Halbraumtheorie auf Basis der Einflusszahlenmatrix und den örtlichen Kontaktabständen berechnet, vgl. **Formel (7.18)-(7.24)**. Die Gesamtverformung an einem Element ergibt sich nach dem Superpositionsprinzip aus der Summe aller Einzelverformungen, **Formel (7.25)**. Durch die nichtkonforme Vernetzung ist die Einflusszahlenmatrix bei der „Methode kombinierter Lösungen" nicht mehr symmetrisch.

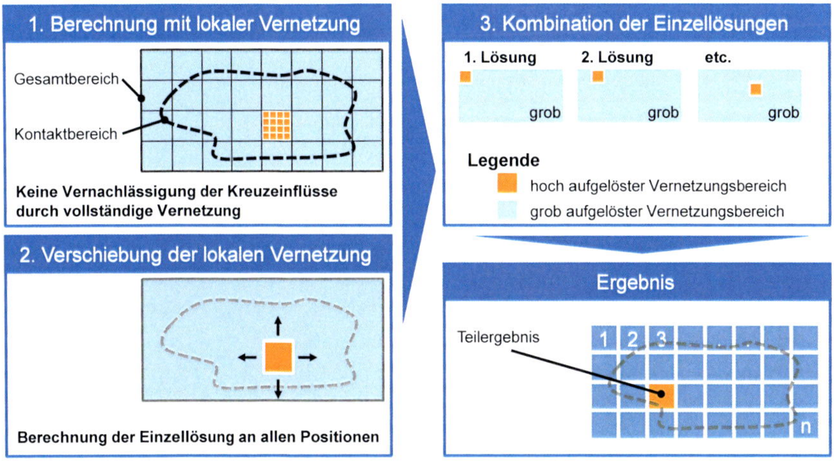

Bild 7.10: Methode kombinierter Lösungen
Method of Combined Solutions

$$C_{0\to1} = \frac{(1-\nu^2)}{\pi \cdot E} \cdot \int\limits_{y_0-\frac{dy_0}{2}}^{y_0+\frac{dy_0}{2}} \int\limits_{x_0-\frac{dx_0}{2}}^{x_0+\frac{dx_0}{2}} \frac{dx\,dy}{\sqrt{(x-x_1)^2+(y-y_1)^2}} = \frac{(1-\nu^2)}{\pi \cdot E} \cdot \sum_{i=1}^{4} S_i \tag{7.18}$$

$$S_1 = \hat{X}_+ \cdot \ln\left[\frac{\hat{Y}_+ + \sqrt{\hat{Y}_+^{\,2} + \hat{X}_+^{\,2}}}{\hat{Y}_- + \sqrt{\hat{Y}_-^{\,2} + \hat{X}_+^{\,2}}}\right] \tag{7.19}$$

$$S_2 = \hat{Y}_+ \cdot \ln\left[\frac{\hat{X}_+ + \sqrt{\hat{Y}_+^{\,2} + \hat{X}_+^{\,2}}}{\hat{X}_- + \sqrt{\hat{Y}_+^{\,2} + \hat{X}_-^{\,2}}}\right] \tag{7.20}$$

$$S_3 = \hat{X}_- \cdot \ln\left[\frac{\hat{Y}_- + \sqrt{\hat{Y}_-^{\,2} + \hat{X}_-^{\,2}}}{\hat{Y}_+ + \sqrt{\hat{Y}_+^{\,2} + \hat{X}_-^{\,2}}}\right] \tag{7.21}$$

$$S_4 = \hat{Y}_- \cdot \ln\left[\frac{\hat{X}_- + \sqrt{\hat{Y}_-^{\,2} + \hat{X}_-^{\,2}}}{\hat{X}_+ + \sqrt{\hat{Y}_-^{\,2} + \hat{X}_+^{\,2}}}\right] \tag{7.22}$$

$$\hat{X}_- = |x_1 - x_0| - \frac{dx_0}{2} \quad und \quad \hat{X}_+ = |x_1 - x_0| + \frac{dx_0}{2} \tag{7.23}$$

$$\hat{Y}_- = |y_1 - y_0| - \frac{dy_0}{2} \quad und \quad \hat{Y}_+ = |y_1 - y_0| + \frac{dy_0}{2} \tag{7.24}$$

$$\delta_i = \sum_{j=1}^{N} C_{j\rightarrow i} \cdot p_j \qquad i = 1 \ldots N, \quad i,j \in \mathbb{N} \tag{7.25}$$

Im zweiten Schritt wird die nur lokal hochaufgelöste Vernetzung mit ihrem umlagerten, gröberen Netz unter Beibehaltung aller Elementgrößen sukzessive über die vollständige Fläche verschoben und in jedem Schritt eine Einzellösung berechnet. Diese Vorgehensweise erlaubt die Wiederverwendung der zuvor bestimmten Einflusszahlenmatrix. Der Vorgang wird wiederholt, bis die Gesamtkontaktfläche vollständig abgescannt wurde. Das hochaufgelöste Gesamtergebnis wird abschließend aus den Einzellösungen kombiniert. Dazu wird jeweils nur das Ergebnis des fein vernetzten Bereichs für die Gesamtlösung übernommen.

Die Vorteile dieses Berechnungsansatzes liegen in der quasi unbegrenzten Kontaktflächengröße und der hohen Auflösung bei gegebener Berechenbarkeit. Das zuvor mit der Knotenanzahl quadratisch wachsende Berechnungsproblem wird durch die „Methode kombinierter Lösungen“ linearisiert. Anstelle eines großen Gleichungssystems wird eine Vielzahl an kleinen Gleichungssystemen gelöst. Durch eine gezielte Vernetzungsstrategie fließt trotzdem der gesamte Kontaktbereich in jeder einzelnen Berechnung mit ein, sodass Kreuzeinflüsse nicht vernachlässigt werden. Dadurch wird die Berechnung von großflächigen, rauen Kontakten effizient ermöglicht. Die Abschätzung des Rechenzeitvorteils sowie Verifikation des Rechenansatzes anhand der Hertz'schen Theorie wurde in [BREC15] gezeigt.

Vernetzung im verfeinerten Auswertebereich

Die erforderliche Anzahl an Knotenpunkten hängt von der abzubildenden Oberflächenstruktur ab. Tangentialgeschliffene Oberflächen weisen eine gerichtete Orientierung der Rauheitsstruktur auf, deren Charakteristik durch eine orthogonale (axiale) und parallele (tangentiale) Messung beschrieben wird, **Bild 7.11**. Die Grundlage der nachfolgenden Analyse stellte die Mittlung von drei über dem Umfang verteilten und gemittelten Einzelmessungen dar. Dazu wurde die Variante REF mit der höchsten Rauheit für die Wälzfestigkeitsuntersuchungen gewählt. Die Messung wurde infolge der geringen Streuung der Rauheitskennwerte, vgl. Abschnitt 4.3.1, auf ein Bauteil beschränkt. Zur Analyse der Rauheitsstruktur wurde eine Frequenzanalyse durchgeführt, um basierend auf einer Fast-Fourier-Transformation (FFT) sowie dem Shannon-Theroem die Mindestelementgröße zur Abbildung der Oberflächencharakteristik in die beiden Raumrichtungen festzulegen.

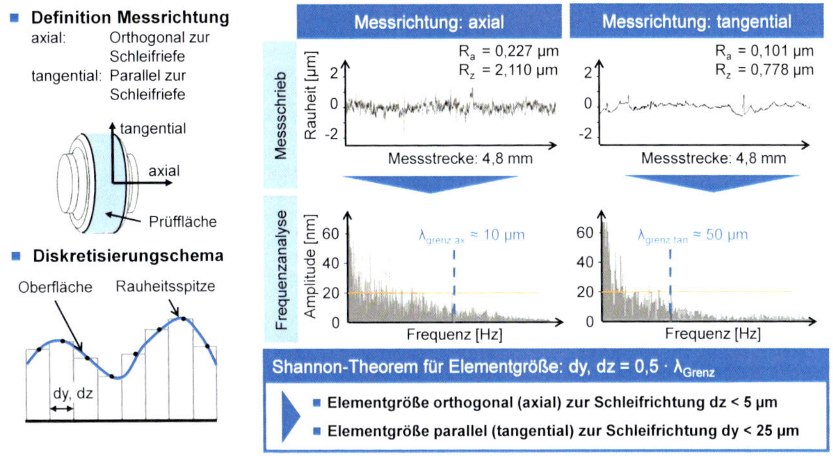

Bild 7.11: Anforderung an die Netzdiskretisierung
Requirements Regarding Mesh Discretization

Die Frequenzspektren für beide Messrichtungen zeigten eine Abnahme der Amplitude mit steigender Frequenz. Die Grenzamplitude wurde mit A_G = 20 nm um mehr als eine Zehnerpotenz kleiner als die arithmetische Mittenrauheit R_a gewählt. Somit ergab sich orthogonal zur Schleifrichtung eine Grenzwellenlänge von $\lambda_{grenz,ax}$ = 10 µm, parallel zur Schleifrichtung $\lambda_{grenz,tan}$ = 50 µm. Zur Erfüllung des Shannon-Theorems darf die Elementgröße in der Diskretisierung maximal halb so groß sein wie die Wellenlänge, die abgebildet werden soll. Die maximale Elementgröße durfte somit die Kantenlängen von dz = 5 µm und dy = 25 µm nicht überschreiten.

Vereinfachte Berücksichtigung des tragenden Schmierfilms

Die Abbildung der durch den Schmierstoff aufgenommen Anteile der aufgegebenen Normalkraft erfolgte mit einem vereinfachten Modell, weil in bisherigen Studien die EHD-Simulation unter voller Schmierstoffberücksichtigung bei heutiger Rechenleistung nur auf begrenzte raue Kontaktausschnitte anwendbar ist [BART09]. Zunächst wurde analysiert, ob die Vernachlässigung der EHD-Theorie und Beschränkung auf die Hertz'sche Theorie für die untersuchten Prüfvarianten zulässig ist. In [HAMR04] wurden Näherungsformeln zur Höhe und Lage der Druckspitze (Petrusevich-Peak) angegeben, **Bild 7.12**. Die Anwendung der Formeln erfolgte auf die sich in den Zwei-Scheibenversuchen hinsichtlich des Ermüdungsverhaltens maximal unterscheidenden Varianten REF, S11 und Rz1. Entsprechend bereits bekannter Erkenntnisse wurde für das Pressungsmaximum im Zentralbereich die ideale Hertz'sche Pressung angesetzt [OSTE82]. Ausgehend von bekannten EHD-Druckverläufen erfolgte darauf aufbauend die Abschätzung des Druckverlaufs nach [HAMR04] für die vorliegenden Varianten. Es zeigte sich, dass für die Prüfvarianten die Druckverteilung nach der EHD-Theorie in guter Näherung durch die Pressungsverteilung nach der Hertz'schen Theorie beschrieben werden konnte. Aufgrund des ausgeprägten Lastparameters nach der EHD-Theorie fällt die Amplitude der Druckspitze in der Auslaufzone gering aus. Da zudem für zahnradtypische Beanspruchungen bei Verwendung gängiger Parametrierungen des Lastparameters, z.B. nach [DOWS66, HAMR04], im extrapolierten Bereich gearbeitet wird, erscheint die Beschreibung der Kontaktnormalbeanspruchungen nach Hertz'scher Theorie zulässig.

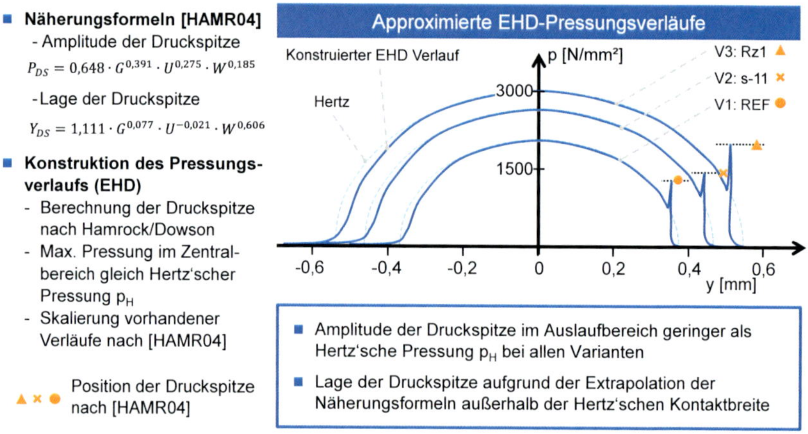

Bild 7.12: Abschätzung der EHD-Druckverläufe ausgewählter Prüfvarianten
Estimation of EHL Pressure Runs of Chosen Test Variants

Die Theorie nach Hertz ist auf Punktkontakte mit beliebigen Krümmungsradien in zwei Raumrichtungen anwendbar. Darüber hinausgehende Modifikationen der idealen Kontaktgeometrie durch lokalen Verschleiß, Fertigungsungenauigkeiten oder die Oberflächenstruktur in Kombination mit dem Schmierstoff können allerdings nicht berücksichtigt werden. Das Flussdiagramm zur Berechnung der Pressungsverteilung im technisch rauhen Kontakt mit vereinfachter Berücksichtigung des Schmiertstoffeinflusses basierend auf Messtopografien ist in **Bild 7.13** dargestellt.

Mit den zuvor eingeführten Modellen wurden die geometrischen Kontaktbedingungen bis auf µm-Ebene berücksichtigt. Im vorliegenden vereinfachten Modellansatz zur Berücksichtigung des Schmierstoffs wurde angenommen, dass in den wenig belasteten Riefen der Oberflächenstruktur der Schmierstoff die lokale Normalkraft gemäß der Makropressungsverteilung aufnimmt. Die tragende Wirkung des Schmierstoffs im Schmierspalt wurde daher anhand der makrogeometrischen Pressungsberechnung nach Abschnitt 6.2 erfasst. An den Stellen, an denen die Mikropressungsverteilung des rauen Kontakts keinen Kontakt aufwies, wurden die Werte der Mikropressungsverteilung durch die der Makropressungsverteilung ersetzt und das Kräftegleichgewicht neu bestimmt.

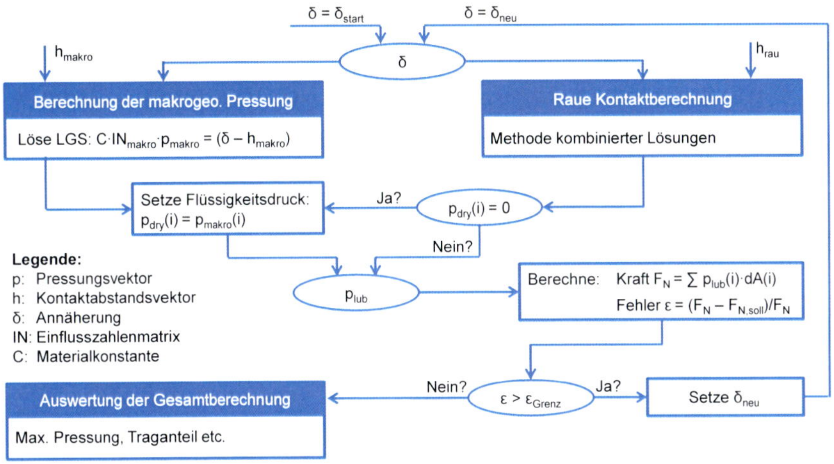

Bild 7.13: Iterative Kontaktberechnung mit vereinfachtem Schmierstoffmodell
Iterative Contact Calculation Including Simplified Lubrication Model

7.3.2 Validierung der Pressungsberechnung im rauen Kontakt

Validation of Pressure Calculation in Rough Contact

Zur Validierung der hochauflösenden Kontaktberechnung wurde eine geeignete Methode zur hochauflösenden Tragbildaufnahme benötigt. Gängige Visualisierungswerkzeuge für den Wälzkontakt, wie die Verwendung von Tuschierpaste oder Tragbildlack konnten die Mikrostruktur im belasteten Kontakt nicht auflösen. Eine Visualisierungsmöglichkeit lieferte die Verwendung von Blattsilber mit einer Stärke von $t < 1$ µm. Die Metallfolien wurden auf dem Prüfling aufgetragen, in Kontakt gebracht und belastet. Unter Last zeigte sich eine Verfärbung im Kontaktbereich.

Trockene Kontaktrechnung

Zunächst erfolgte die Modellvalidierung ohne Berücksichtigung des vereinfachten Schmierstoffmodells. Dazu wurde das Tragbild unter Last für Paarungen im Zwei-Scheibenkontakt mit unterschiedlichen Oberflächenrauheiten aufgenommen. Es handelte sich jeweils um Prüfkörper im Neuzustand nach dem finalen Bearbeitungsschritt. Der Gegenkörper war immer poliert (Isotropic Superfinishing) ausgeführt, um die Einflussursachen durch unterschiedliche, charakteristische Oberflächenstrukturen von sowohl Prüf- als auch Gegenkörper auf das Ergebnis zu minimieren. Die Evaluation erfolgte optisch anhand eines Vergleichs von gemessenem und simuliertem Tragbild sowie anhand der Kennwerte der Halbachsen, **Bild 7.14**.

Die mittlere Kontaktrauheit wurde in drei Stufen gesteigert. Zunächst erfolgte die Paarung mit einem ebenfalls polierten Prüfkörper, um durch einen nahezu ideal glatten Kontakt die Theorie nach Hertz bestmöglich abzubilden. Das gemessene Tragbild erschien gleichmäßig in hellgrauer Farbe. Die hellen Streifen entsprachen Falten des Blattsilbers nach dem Lösen des Kontakts. Es war keine gerichtete Oberflächenstruktur zu erkennen, vielmehr wurde die ideale Pressungsellipse scharf nachgebildet. Das simulierte Tragbild entsprach dem gemessenen Tragbild. Der Festkörpertraganteil lag aufgrund der geringen Rauheiten bei nahezu A_{FK} = 100 %. An den Ellipsenrändern wurden sowohl in der Rechnung als auch in der Simulation leichte Unregelmäßigkeiten deutlich, die auf die reale Oberflächentopografie zurückzuführen waren. Es konnte nicht sichergestellt werden, dass exakt der für die Simulation zugrunde gelegte, gemessene Bereich auch in der Untersuchung in Kontakt kam, sodass Schwankungen infolge der Fertigungstoleranzen möglich waren. Ein Vergleich der Halbachsenlängen zeigte eine hohe Übereinstimmung der Ergebnisse. Die kurze Halbachse a nahm im Tragbildversuch leicht höhere Werte an, da der rotatorische Freiheitsgrad im Prüfstand unter Lastaufgabe nicht gesperrt wurde.

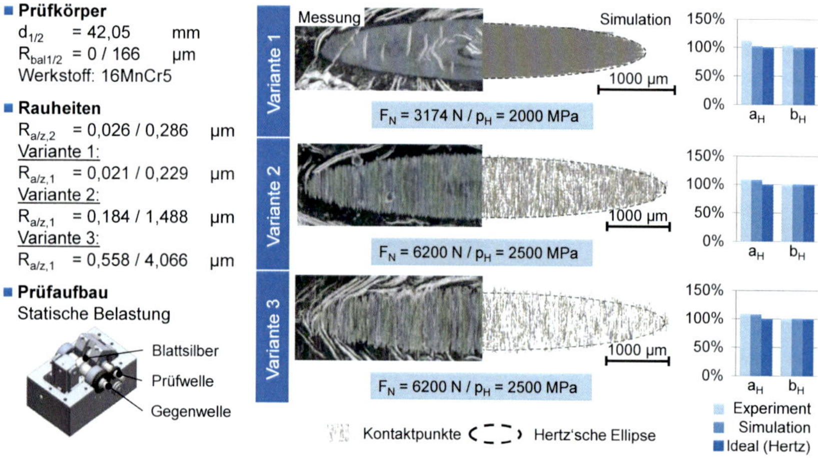

Bild 7.14: Mikrokontaktberechnung bei trockenen Kontaktbedingungen
Micro Contact Calculation for Dry Conditions

Im Vergleich zum polierten Kontakt führte eine Zunahme der Rauheit zu einer Veränderung der Tragbilder. Die sich aus dem Tangentialschliff ergebende gerichtete Rauheitsstruktur wurde sowohl in der Messung als auch in der Simulation abgebildet. Die Kontaktgeometrie folgte grundsätzlich der Hertz'schen Beschreibung, war jedoch am Ellipsenrand mit zunehmender Rauheit unregelmäßiger. Der Festkörpertraganteil nahm mit zunehmender Rauheit ab und bewirkte punktuelle Beanspruchungskonzentrationen. Unter Rauheitseinfluss wichen die Halbachsen der Tragbilder und der Simulation teils von der idealen Theorie nach Hertz ab. Das Simulationsergebnis beschrieb die Messung mit zunehmender Rauheit genauer als die Theorie nach Hertz.

Kontaktrechnung mit vereinfachtem Schmierstoffmodell

Die zuvor beschriebenen Analysen haben unter trockenen Kontaktbedingungen stattgefunden. Ebenfalls wurden die Kontaktbedingungen einer Prüfvariante nach Prüflaufende, N = 50 · 10^6 Lastwechsel, analysiert. Das resultierende Kontaktbild ist im Prüflauf unter Schmierung entstanden, sodass im Besonderen die Aussagekraft der vereinfachten Berücksichtigung der Schmierung im Kontaktmodell im Vergleich zur trockenen Kontaktrechnung betrachtet wurde.

Zur Erzeugung großflächiger Laufbahnverschleißzustände wurde der Prüflauf mit geringer Ölviskosität (ISO VG 46) durchgeführt. Die Gegenüberstellung von gemessenem Tragbild sowie Simulationen unter trockenen und geschmierten Bedingungen zeigt **Bild 7.15**. Durch die Abrasions- und Ermüdungsvorgänge im Prüflauf trat die Charakteristik der Schliffstruktur nicht mehr hervor. Die trockene Simulation stimmte mit der Messung überein, da für diesen Fall sowohl experimentell als auch simulativ kein Schmierfilm im Kontakt vorlag. Der Verlauf der Kontaktverteilung in axialer Richtung wurde insbesondere hinsichtlich der verschleißbedingten Einschnürungen wiedergegeben. Es traten allerdings auch ungelaufene Bereiche des Prüflaufs in den Kontakt, was anhand der Schleifriefen am Kontaktrand deutlich wird. Die gegenüber dem Laufversuch in Kontakt tretenden Schleifriefen am Laufbahnrand weisen darauf hin, dass der Traganteil des Schmierstoffs nicht vernachlässigt werden darf.

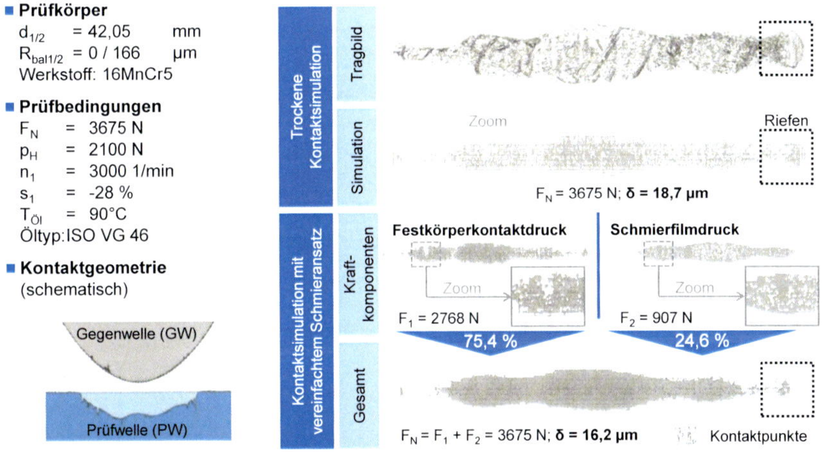

Bild 7.15: Mikrokontaktberechnung bei geschmierten Betriebsbedingungen

Micro Contact Calculation for Running Conditions under Lubrication

Die Berechnung mit vereinfachter Berücksichtigung des Schmierfilms erlaubte eine Auftrennung nach Festkörperkontakt- und Schmierfilmdruck. Weil im Zentralbereich des Kontakts durch den Schmierfilm zusätzliche Normalkraftanteile aufgenommen wurden, wurde die Annäherung δ im Kontakt unter Last verringert. Dadurch traten die in der trockenen Simulation ermittelten Randbereiche, insbesondere der durch Schleifriefen gekennzeichnete Bereich, nicht mehr in Kontakt. Aus dem iterativen Rechenverfahren resultierte eine homogenere Pressungsverteilung, die an den Orten mit Festkörperkontakt erhöhte Pressungswerte aufwies. Das Modell bildete die Größe der tatsächlichen Kontaktfläche ab, sodass die Eignung zur Beschreibung der Oberflächenbeanspruchung vorlag.

7.4 Werkstofffestigkeit

Material Strength

Neben der lokalen Beanspruchung bestimmt die lokale Beanspruchbarkeit die Wälzfestigkeit eines Bauteils. Einen dominierenden Einfluss auf die Festigkeit einsatzgehärteter Werkstoffe haben die Kenngrößen Härte und Eigenspannungen [BÖRN76, KÖCH96, HERT03, SCHW08].

Für die Rechenmethode wurden gemessene Tiefenverläufe von Mikrohärte und Eigenspannungen im relevanten Beanspruchungsbereich berücksichtigt. Die Beschreibung der Werkstofffestigkeit und Berücksichtigung des Härte- und Spannungszustands erfolgte im Haigh-Schaubild, **Bild 7.16**, in dem die ertragbare Spannungsamplitude σ_A über der anliegenden Mittelspannung σ_m aufgetragen wird. Die ertragbare Spannungsamplitude wird für einerseits durch die zyklische Dehngrenze im Druckbereich $R'_{dp0,2}$ sowie Zugbereich $R'_{p0,2}$ begrenzt, ab der Werkstofffließen vorliegt. Weiterhin lässt sich für einen weiten Bereich des anliegenden Spannungsverhältnisses R die Dauerfestigkeit gegen Ermüdung idealisiert anhand einer Geraden (Goodman-Gerade) beschreiben. Die Beschreibung der Goodman-Gerade bezüglich Niveau und Steigung erfolgt anhand der eigenspannungsfrei vorliegenden Zug-Druckwechselfestigkeit σ_{W0} sowie der Mittelspannungsempfindlichkeit M, **Formel (7.26)**. Demnach führen Druckeigenspannungen als dem Belastungsablauf überlagerte Mittelspannungen zu einer höheren ertragbaren Spannungsamplitude, sofern die Materialdehngrenze nicht überschritten wird. Das eingesetzte Werkstoffmodell entsprach weitestgehend der in [HERT03] vorgestellten, aus der örtlichen Härte abgeleiteten Parametrierung mit den nachfolgend gezeigten Modifikationen.

$$\sigma_A = \sigma_{W0} - M \cdot \sigma_m \qquad (7.26)$$

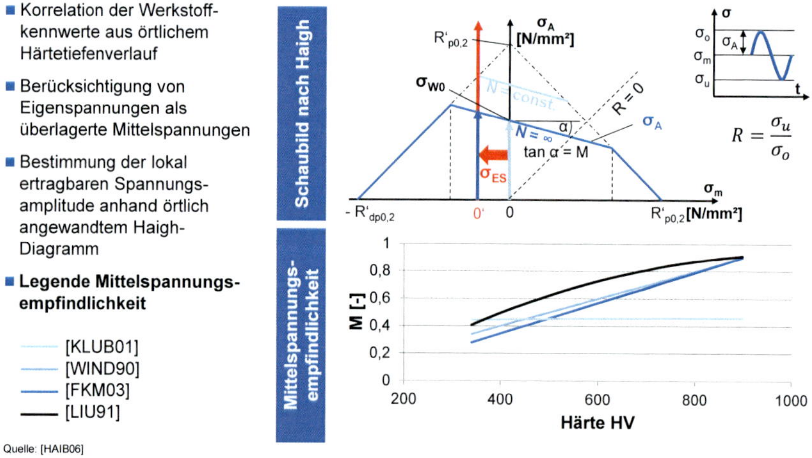

Bild 7.16: Mittelspannungsabhängige Werkstoffbeanspruchbarkeit

Mean Stress Dependent Material Strength

Mittelspannungsempfindlichkeit

Im unteren Teil von Bild 7.16 wurden Ergebnisse von Korrelationsbeziehungen der Mittelspannungsempfindlichkeit mit Kenngrößen aus der Werkstoffhärte angegeben. Der Beanspruchungs- und Probengeometrieeinfluss wurde häufig als vernachlässigbar eingestuft [WIND90, KLUB01, FKM03]. Für randschichtgehärtete Stähle wurde eine Zunahme der Mittelspannungsempfindlichkeit mit zunehmender Werkstoffhärte beobachtet. Dieses Verhalten gibt der Ansatz nach [KLUB01] nur mit geringen Gradienten wieder. In [LIU91] wurde nach gekerbten und glatten Proben getrennt und jeweils ein Korrelationsansatz über einer Vielzahl an Untersuchungen aus der Literatur gebildet. Der Ansatz weist gegenüber linearen Ansätzen z.B. nach [WIND90, FKM03] einen degressiv steigenden Verlauf auf, der gegen einen Grenzwert konvergiert. Für das Werkstoffmodell wurde der Ansatz nach [LIU91] verwendet, **Formel (7.27)**, da der funktionale Zusammenhang (degressiv steigend) zwischen Mittelspannungempfindlichtkeit und Härte insbesondere bei hohen Härtewerten technisch nachvollziehbar ist. Es ist zu beachten, dass die Versuchsdatenbasis der gezeigten Korrelationsansätze für geringere Härtezustände als den hier analysierten randschichtgehärteten Bauteilen vorlag und daher im extrapolierten Bereich der Ansätze gearbeitet wurde.

$$M = \frac{2}{0{,}962 - \frac{\sigma_W}{2000}} - 1 \qquad (7.27)$$

Wirksame Mittelspannungen

Als wirksame Mittelspannungen wurden in [HERT03] die Eigenspannungen berücksichtigt. Trotz des vergleichsweise kurzen Lastimpulses [ELST93] wurde gemäß der Vorgehensweise nach [ZUBE08] zur Ermittlung der ertragbaren Spannungsamplitude die Superposition von Eigenspannungen und Lastmittelspannungen berücksichtigt. Untersuchungen haben gezeigt, dass die Beanspruchungsdauer einen vernachlässigbaren Einfluss auf die ertragbare Spannungsamplitude aufweist [BREC12a]. Daher wurde aus dem lokal vorliegenden Gesamtspannungstensor gemäß der Vorgehensweise in Abschnitt 7.5 die maßgebliche Mittelspannung errechnet. Die Eigenspannungen wurden in axialer und tangentialer Richtung messtechnisch über der Bauteiltiefe erfasst und dem Lastspannungstensor überlagert.

Weibullparameter

Der Weibullparameter k erlaubt in besonderer Weise die Berücksichtigung des statistischen Größeneinflusses, vgl. Bild 2.8. Er beschreibt die Streuung der Werkstofffestigkeit in Abhängigkeit der Bauteileigenschaften. Ein hoher Weibullparameter beschreibt eine geringe Festigkeitsstreuung, wie bei duktilen Materialien zu beobachten ist. Bei sprödharten Materialien ist die Streuung höher, sodass geringere Weibullparameter resultieren. Der Weibullparameter ist als Bauteilkennwert grundsätzlich abhängig vom Bauteilzustand und der Bauteilgeometrie. In [BRÖM05] wurden nachfolgende Beobachtungen zum Weibullparameter zusammengeführt:

- Mit höherer Härte sinkt der Weibullparameter
- Ungekerbte Proben haben höhere Weibullparameter als gekerbte Proben
- Zug-Druck-Beanspruchungen bewirken höhere Weibullparameter als Zug-Schwell-Beanspruchungen
- Zug-Druck-Beanspruchungen bewirken höhere Weibullparameter als Umlauf-Biege-Beanspruchungen

[BRÖM05] schlug eine lokale Anwendung des Weibullparameters bei randschichtgehärteten Bauteilen auf Basis der lokalen Härte vor. Dazu beschrieb er einen Korrelationsansatz des Weibullparameters in einem Band von k = 10 ... 45 und wendete den gefundenen Zusammenhang zur Beschreibung der Zahnfußtragfähigkeit an. Dieser Ansatz war nicht unmittelbar auf eine Wälzbeanspruchung übertragbar, da andere Beanspruchungsformen und geometrische Verhältnisse vorliegen. So stellt [BRUD01] für ungekerbte einsatzgehärtete Proben einen minimalen Weibullparameter von k = 15 fest. Den Untersuchungen lagen allerdings keine Prüfbedingungen unter Wälzbeanspruchung zugrunde. Daher erfolgte eine Modifikation des Ansatzes zur Anwendung im Wälzkontakt, **Formel (7.28)**. Mangels vorliegender Versuchsreihen wird die Multiplikation des Ansatzes von [BRÖM05] mit einem Faktor von Δk = 1,25 vorgeschlagen, sodass sich ein Band von k = 12,5 ... 56,25 ergibt. Es ist zu beachten, dass dieser Ansatz dem Weibullparameter als Bauteilkennwert nur hinsichtlich des Härtezustands, nicht hinsichtlich der Probengeometrie gerecht wird.

$$k = \frac{8 \cdot 10^6}{HV^2} \qquad (7.28)$$

7.5 Vergleichsspannung für den Wälzkontakt

Equivalent Stress for Rolling-Sliding Contact

Bei Kenntnis von Beanspruchung und Beanspruchbarkeit kann eine Zusammenführung zur Bestimmung der lokalen Anstrengung bzw. lokalen Sicherheit anhand einer Vergleichsspannungshypothese erfolgen. Der Wälzkontakt ist durch einen mehrachsigen, zeitlich veränderlichen Spannungszustand charakterisiert.

Als Ersatzmodell wurde ein Wälzkontakt analysiert, bei dem nicht die Oberflächenbeanspruchung entlang der Eingriffsrichtung, sondern das Volumenelement unterhalb der beanspruchten Oberfläche parallel verschoben wird, **Bild 7.17** links. Mit diesem Modell waren Vereinfachungen in der Analyse des Wälzkontakts verbunden. Es wurde beobachtet, dass es während des Kontaktablaufs zu einer Verdrehung des Hauptspannungskoordinatensystems unterhalb der Oberfläche über einen Gesamtwinkel bis zu φ = 180° kommt [ELST93]. Unter der Annahme, dass ein Volumenelement in einer bestimmten Werkstofftiefe x jede dieser Winkellagen erfährt, liegt somit ein dreidimensionaler, in seinen Spannungsverläufen der einzelnen Spannungskomponenten phasenverschobener und nicht in eine Hauptrichtung orientierter Spannungszustand vor.

Zur Erfassung dieses Vorgangs war die Wahl einer geeigneten Vergleichsspannungshypothese erforderlich. Klassische Festigkeitshypothesen können den Wälzvorgang hinsichtlich seiner Mehrachsigkeit und Phasenverschiebung nicht abbilden. Nach der Gestaltänderungsenergiehypothese wird beispielsweise die Gestaltänderung in eine Volumenänderung (Hydrostat) und eine Formänderung (Deviator) aufgeteilt, wobei der Werkstoff hinsichtlich des Deviators eine begrenzte Speicherfähigkeit für die zur Formänderung erforderliche Energie aufweist. Kommt es zur Überschreitung dieses Energiebetrags, tritt eine plastische Verformung ein. Diese Form der Vergleichsspannungshypothese führt grundsätzlich zu einer Übereinstimmung mit Dauerfestigkeitsuntersuchungen im Wälzkontakt [SIMB75], ist allerdings auf ein bestimmtes Hauptspannungskoordinatensystem festgelegt, da der Spannungsdeviator nur für eine Schnittebene eines Volumenelements ausgewertet wird.

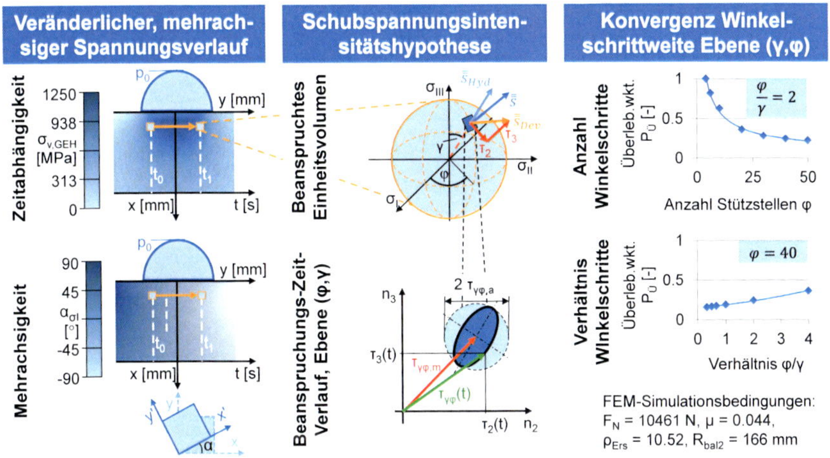

Bild 7.17: Integrale Vergleichsspannungshypothese [LIU91]
Integral Equivalent Stress Hypothesis [LIU91]

Um die Veränderlichkeit der Orientierung des Hauptspannungskoordinatensystems zu erfassen, war die Berücksichtigung aller Ebenen eines Referenzvolumens erforderlich. Die gleichwertige Beschreibung aller Ebenen ist in einer Einheitskugel möglich, anhand derer die Schubspannungsintensität als Vergleichsspannung ermittelt wird [LIU91], Bild 7.17 Mitte. Durch Variation der Winkelkombination (γ, φ) wird jedes Oberflächeninkrement der Einheitskugel beschrieben und hinsichtlich des jeweiligen Spannungszustand bezüglich der anliegenden Normalspannung auf dem Oberflächeninkrement sowie der beiden Schubspannungen entlang der Kugeloberfläche ausgewertet.

Für jede Winkellage (γ, φ) wird der Zeitverlauf der einzelnen Spannungskomponenten berechnet und grafisch aufgetragen. Der Zeitverlauf entspricht der Verschiebung eines Volumenelements unterhalb der beanspruchten Oberfläche in einer bestimmten Tiefe, Bild 7.17 links. Die erforderliche Größe der Winkelinkremente wurde im

Rahmen von Konvergenzstudien analysiert, Bild 7.17 rechts. Aus den Spannungs-Zeit-Verläufen für jede Winkellage werden anschließend die Mittelspannung sowie Spannungsamplitude der Normal- und Schubspannungen als repräsentative Beanspruchungskennwerte für den Beanspruchungszyklus ermittelt. Aus diesen Kennwerten wird die Schubspannungsintensität für die betrachtete Winkellage berechnet, **Formel (7.29)**. Anschließend wird durch Integration der sich für jede Schnittebene ergebenden Vergleichsspannung über alle Schnittebenen die sogenannte Schubspannungsintensität für ein Volumenelement in der radial-axialen Schnittebene des Wälzkontakts ermittelt, **Formel (7.30)**.

$$\tau^2_{\gamma\varphi,eff,a} = a \cdot \tau^2_{\gamma\varphi,a} \cdot \left(1 + m \cdot \tau^2_{\gamma\varphi,m}\right) + b \cdot \sigma^2_{\gamma\varphi,a} \cdot \left(1 + n \cdot \sigma_{\gamma\varphi,m}\right) \tag{7.29}$$

$$\sigma_{Va} = \left\{ \frac{15}{8\pi} \int_{\gamma=0}^{\pi} \int_{\varphi=0}^{2\pi} \tau^2_{\gamma\varphi,eff,a} \cdot sin\gamma \cdot d\varphi d\gamma \right\}^{\frac{1}{2}} \tag{7.30}$$

Der Wälzkontakt weist die Besonderheit auf, dass vergleichsweise hohe Normalmittelspannungen im Druckbereich vorliegen, die zu einem negativen Ausdruck innerhalb des Wurzelausdrucks in Formel (7.30) führen können. Daher wurde in [HERT03] aufbauend auf [LIU91, LIU97] eine Variante der Schubspannungsintensitätshypothese beschrieben, die den Mittelspannungsanteil gemäß des Haigh-Diagramms auf der Festigkeitsseite berücksichtigt. Somit wird keine Vergleichsspannung, sondern vielmehr eine Anstrengung pro Schnittebene (**Formel (7.31)**) sowie mittels Integration eine Gesamtanstrengung des Volumenelements berechnet, **Formel (7.32)**.

$$A(\gamma, \varphi) = \sqrt{\frac{a \cdot \tau^2_{\gamma\varphi,a} \cdot \left(1 + m \cdot \tau^2_{\gamma\varphi,m}\right) + b \cdot \sigma^2_{\gamma\varphi,a}}{\sigma^2_A}} \tag{7.31}$$

$$A_{int,a} = \left\{ \frac{15}{8\pi} \int_{\gamma=0}^{\pi} \int_{\varphi=0}^{2\pi} [A(\gamma, \varphi)]^2 \cdot sin\gamma \cdot d\varphi d\gamma \right\}^{\frac{1}{2}} \tag{7.32}$$

Aufbauend auf der Vorgehensweise zur Ermittlung der lokalen Anstrengungen A_i nach [HERT03] erfolgte in der vorliegenden Arbeit die Ermittlung der lokalen Überlebenswahrscheinlichkeiten $P_{Ü,i}$ unter Berücksichtigung der lokalen Weibullparameter k_i nach **Formel (7.33)**. Das Auswertevolumen V wurde auf das Referenzvolumen von V_0 = 1 mm³ bezogen. Das Produkt aller Einzelüberlebenswahrscheinlichkeiten führte anschließend zur Gesamtüberlebenswahrscheinlichkeit $P_Ü$, **Formel (7.34)**. Die Vorgehensweise wurde getrennt für das Bauteilvolumen und die Bauteilrandzone angewendet. Dazu wurden jeweils die in Abschnitt 7.2 und 7.3 beschriebenen Modelle ausgewertet. Die Multiplikation der jeweiligen Überlebenswahrscheinlichkeiten beschreibt die Überlebenswahrscheinlichkeit des Gesamtbauteils, **Formel (7.35)**.

$$P_{Ü,i} = 2^{-\frac{1}{V_0}\int_V A_i^{k_i} dV} \tag{7.33}$$

$$P_{Ü} = \prod_{i=1}^{n} P_{Ü,i} \tag{7.34}$$

$$P_{Ü,ges} = P_{Ü,Volumen} \cdot P_{Ü,Oberfläche} \tag{7.35}$$

7.6 Anwendung der Methode zur Wälzfestigkeitsberechnung

Application of Method for Rolling Contact Fatigue Calculation

Der beschriebene Modellansatz wurde auf die im Zwei-Scheibenkontakt untersuchten Prüfvarianten angewendet. Zunächst erfolgte eine Analyse getrennt nach Bauteilvolumen und Oberflächenrandzone, anschließend eine Zusammenführung zu einer Gesamtbauteilbetrachtung.

7.6.1 Analyse der Beanspruchung im Bauteilvolumen

Analysis of Loads in Volume of Part

Die lokale Verteilung der Überlebenswahrscheinlichkeit an den Volumenelementen in der radial-axialen Schnittebene ist für die Hauptvarianten in **Bild 7.18** mittig dargestellt. Die aufgebrachte Beanspruchung entsprach den Normal- und Reibkräften, die sich für dauerfeste Betriebsbedingungen aus den vorangegangenen Untersuchungen in Abschnitt 6.4 ergeben haben.

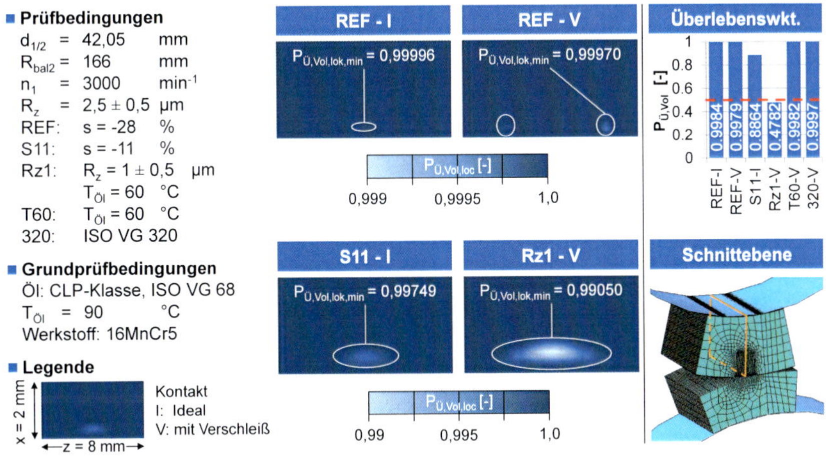

Bild 7.18: Überlebenswahrscheinlichkeit im Volumenmodell für Dauerfestigkeitsniveaus

Probability of Survival acc. to Volume Model for Endurance Strength Levels

Die Variante REF wies einen ausgeprägten Laufbahnverschleiß auf, weshalb für diese Varianten der Idealkontakt (I) und der verschlissene Kontakt zu Versuchsende (V) analysiert wurden. Auf der rechten Seite von Bild 7.18 ist für alle Prüfvarianten die Volumenüberlebenswahrscheinlichkeit, gemäß der Multiplikation der lokalen Einzelwahrscheinlichkeiten, abgebildet. Da die Varianten mit ausgeprägtem Laufbahnverschleiß REF, T60 und 320 eine Grübchenbildung am Randbereich der Laufbahn aufwiesen, wurde für diese Varianten der Kontakt mit verschlissener Laufbahnkontur ausgewertet. Es wurde die Endkontur für die Variante Rz1 ausgewertet, da sich bereits nach wenigen Lastwechseln ($N < 5 \cdot 10^5$) die Kontaktgeometrie änderte und bis zum Versuchsende konstant blieb. Variante S11 wies einen minimalen Verschleiß auf, sodass die Ausgangskontaktgeometrie für die Analyse berücksichtigt wurde.

Die Einordnung des Volumenmodells erfolgte anhand von Variante Rz1, die infolge der geringen Rauheit und temperaturbedingt erhöhten Betriebsölviskosität unter Flüssigkeitsreibung getestet wurde ($\Lambda > 2$, Bild 6.2). Daher konnte für Variante Rz1 ein Oberflächeneinfluss auf die Ermüdung vernachlässigt werden. Der Modellansatz erlaubte für die dauerfesten Betriebsbedingungen eine Vorhersage der Überlebenswahrscheinlichkeit der Variante Rz1. Somit wurde die Grundwälzfestigkeit des Werkstoffs mit der vorliegenden Einsatzhärtetiefe mit dem Modell beschrieben. Die unter Mischreibung betriebenen Varianten zeigten für ihr Dauerfestigkeitsniveau keine ausreichende Volumenbeanspruchung, die alleinig die Grübchenentstehung erklärte. Für diese Varianten war zusätzlich die Oberflächenbeanspruchung auszuwerten, was sich im Schmierfilmparameter widerspiegelt ($\Lambda < 2$, Bild 6.2). Variante S11, die in den Untersuchungen ein geringeres Maß an Oberflächenermüdung aufgewiesen hatte, hatte ein höheres dauerfest ertragbares Beanspruchungsniveau sowie ein größeres beanspruchtes Volumen und damit geringere Volumenüberlebenswahrscheinlichkeiten, als die Varianten REF, T60 und 320. Für die vergleichsweise niedrig belasteten Varianten (z.B. Variante REF) waren die Ergebnisse der Volumenüberlebenswahrscheinlichkeit fast unabhängig vom Laufbahnverschleiß. Mit zunehmender Beanspruchungshöhe stieg die Tiefe Δx des Überlebenswahrscheinlichkeitsminimums.

Die örtliche Überlebenswahrscheinlichkeit ist ein Maß für die Überschreitung der Wälzfestigkeit an einem Volumenelement. Die weitere Validierung der Berechnung der Volumenüberlebenswahrscheinlichkeiten erfolgte anhand eines Vergleichs der an einem Konturographen taktil gemessenen Grübchenkavitätstiefe mit der Tiefenlage der minimalen, lokalen Überlebenswahrscheinlichkeit (entspricht der maximalen Anstrengung), **Bild 7.19**. Die Darstellung erfolgt sowohl für die idealen Ausgangsbedingungen als auch für die sich zu Versuchsende ergebende, verschleißabhängige Endgeometrie. Für das Experiment wurde die Streuung der gemessenen Tiefenlage der Grübchen angegeben, die vor allem aus den unterschiedlichen Lastniveaus im Treppenstufenverfahren resultierte. Ebenfalls ist die Diskretisierung des FEM-Modells dargestellt, um die Auflösung des Rechenansatzes anzugeben. Die Größenordnung der Tiefenerstreckung der Grübchenschädigung wurde für alle Prüfvarianten wiedergegeben. Für die Varianten Rz1 und S11, mit nahezu konstanter Kontaktgeometrie über dem gesamten Prüflauf, ergab sich die höchste Übereinstimmung von Berechnung und Experiment. Für die Varianten mit zeitlicher Abhängigkeit der Kontaktbedingungen REF, T60 und 320 deckten sich unter Berücksichtigung der Modelldiskretisierung die Berechnung und Messung, sofern der Ausgangszustand (Idealkontakt) und der Endzustand gemittelt bewertet wurden.

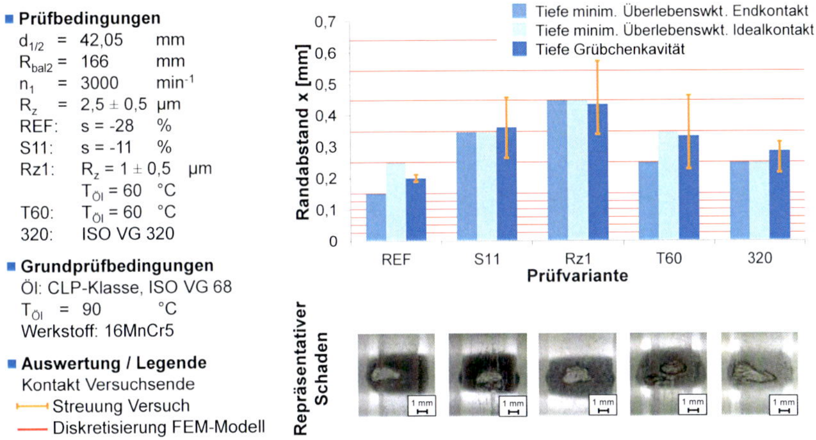

Bild 7.19: Tiefenlage von Grübchenkavität und minimaler Überlebenswahrscheinlichkeit
Depth of Pitting Cavity and Reduced Probability of Survival

7.6.2 Analyse der Beanspruchung in der oberflächennahen Randzone

Analysis of Loads in Surface-Near Zone

Mit der in Abschnitt 7.3 beschriebenen Berechnungsmethode ließ sich die Mikropressungsverteilung für große Kontaktflächen auf Basis gemessener Oberflächentopografien bestimmen. Bezüglich der unter Mischreibungsbedingungen betriebenen Prüfvarianten, für die die Oberflächenmikrobeanspruchung von Bedeutung ist, sind die resultierenden Mikropressungsfelder nach $N = 2 \cdot 10^6$ sowie $N = 50 \cdot 10^6$ Lastwechseln in **Bild 7.20** links dargestellt. Die Netzauflösung zur Berechnung der Pressungsverteilung wurde gemäß der Analyse in Bild 7.11 gewählt. Die Veränderung der Pressungsverteilung über der Prüfdauer entsprach den bereits zuvor durchgeführten Analysen und war zusätzlich durch die aus der Topografie resultierenden Pressungsüberhöhungen überlagert. Die Tangentialschliffstruktur trat hervor.

In Bild 7.20 rechts oben ist die Veränderung der maximalen Pressungen über dem Versuchslauf abgebildet. Dazu wurden die in Abschnitt 6.3.1 untersuchten Varianten hinsichtlich ihrer Mikropressungsverteilung ausgewertet. Mess- und Verarbeitungsungenauigkeiten konnten dazu führen, dass Pressungswerte ausgegeben wurden, die über den real zu erwartenden Maximalpressungen lagen. Um eine Fehlinterpretation durch Ausreißer zu unterbinden, wurden die oberen 1 % an Stützpunkten für die Auswertung der Maximalwerte nicht mit ausgewertet.

Trotz der unterschiedlichen Kontaktbedingungen hinsichtlich Rauheit und Belastung zu Versuchsbeginn konvergierten alle Varianten REF, S11 und Rz1 zu Versuchsende gegen den gleichen Pressungsgrenzwert. Für einsatzgehärteten Einsatzstahl wurde für den Übergang vom elastischen zum plastischen Materialverhalten ein Fließdruck von $p_F = 4000 \ldots 4500$ MPa ermittelt [BART00], sodass der Einlaufvorgang nach Erreichen dieses Niveaus als abgeschlossen bewertet werden konnte.

Der Berechnungsansatz lieferte Ergebnisse die sich mit zunehmender Lastspielzahl dieser Größenordnung für alle Varianten annäherten, obwohl rein elastisches Materialverhalten ohne Plastifizierung berücksichtigt wurde. Für die Variante REF war der Messwert durch eine zu diesem Zeitpunkt eintretende, verschleißbedingte Veränderung der Kontaktellipse erhöht, vergleiche Bild 7.20 rechts oben. Zu Versuchsende wurde wieder das gleiche Pressungsniveau wie bei den anderen Varianten erreicht.

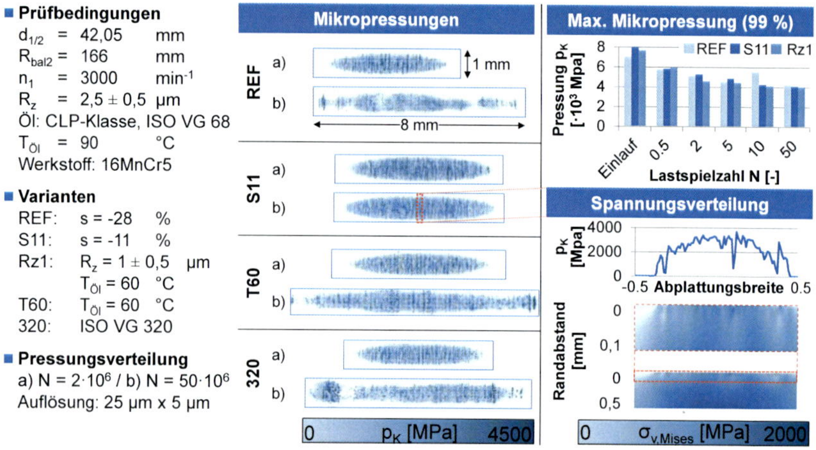

Bild 7.20: Mikrobeanspruchungsverteilung im technisch rauen Kontakt

Micro Load Distribution in technically rough contact

Für einen zufällig gewählten radial-tangentialen Schnitt der Variante S11 mit Kontaktbedingungen zu Versuchsende wurde die Mikrobeanspruchungsverteilung analysiert, Bild 7.20 rechts unten. Der in diesem Schnitt vorliegende Pressungszug erreichte Werte bis ca. p_K = 4000 MPa. Die sich aus der 2D-Halbraumtheorie ergebende Spannungsverteilung für die Vergleichsspannungen nach von-Mises ist unterhalb der Pressungsverteilung dargestellt. Die Spannungsverteilung in höheren Tiefen entsprach qualitativ den Darstellungen in Bild 7.8. Die Asymmetrie ließ sich auf den vorliegenden Reibwert zurückführen. Im unmittelbaren, oberflächennahen Bereich ergaben sich Mikro-Spannungskonzentrationen, die mit dem Pressungsverlauf korrespondieren. Die Tiefenerstreckung der Mikrospannungsfelder reichte im vorliegenden Fall bis ca. 0,1 $\cdot b_0$ mit Maxima in unmittelbarer Nähe zur Oberfläche und entsprach den in anderen Untersuchungen ermittelten Wirktiefen [BART00, HERT03]. Die sich in diesem Bereich ergebenden Spannungsüberhöhungen können eine Brückenfunktion für die Rissbildung zwischen Oberfläche und Volumen übernehmen.

Das sich aus der Mikrokontaktrechnung ergebende Spannungsfeld im oberflächennahen Randbereich wurde mit derselben Methodik wie das zuvor vorgestellte Volumenmodell hinsichtlich der Überlebenswahrscheinlichkeiten ausgewertet. Die maximalen Kontaktpressungen wurden dazu auf einen Wert von $p_{K,Grenz}$ = 4750 MPa beschränkt, was einem Mittelwert der Maximalpressung der in Bild 7.20 untersuchten

Varianten für eine Lastspielzahl von $N = 2 \dots 5 \cdot 10^7$ Lastwechseln entsprach. Ab diesem Grenzwert wurde für das vorliegende Werkstoffsystem eine sicher eintretende Plastifizierung angenommen.

Belastete Kontakte mit großen Spannungsgradienten können eine Spannungsumverlagerung bedingen (Stützwirkung). In [HERT03] wurde die Stützwirkung im Wälzkontakt als niedrig eingeschätzt, da die Ersatzstrukturlängen bei Stahl hoher Festigkeit im Bereich $\rho^* < 0.1 \cdot b_0$ liegen. In [NIEM03] wurden deutlich darunter liegende Werte beschrieben, sodass in den vorliegenden Auswertungen über einen Randabstand bis zu einer Tiefe von t = 7,5 µm die Vergleichsspannung gemittelt wurde. Darüber hinaus erfolgte eine Analyse der Überlebenswahrscheinlichkeit der Oberfläche getrennt für jeden Auswertepunkt bis in eine Tiefe von $x = 0.1 \cdot b_0$, da die Spannungsspitzen durch technische Oberflächen bis in diese Tiefe reichten. Die Darstellung der Überlebenswahrscheinlichkeiten der einzelnen Varianten erfolgte hier nicht, da sich die jeweiligen Werte nach Formel (7.35) aus der Gesamtüberlebenswahrscheinlichkeit nach Abschnitt 7.6.3 und der Volumenüberlebenswahrscheinlichkeit nach Abschnitt 7.6.1 unmittelbar ergeben.

7.6.3 Bestimmung der Gesamtüberlebenswahrscheinlichkeit

Determination of Total Probability of Survival

Die Gesamtüberlebenswahrscheinlichkeit für die verschiedenen Prüfvarianten als multiplikative Zusammenführung der jeweiligen Volumen- und Oberflächenüberlebenswahrscheinlichkeit ist in **Bild 7.21** dargestellt. Zur Berücksichtigung der über der Lastspielzahl veränderlichen Kontaktgeometrie wurde zur Bewertung der Dauerfestigkeit sowohl der eingelaufene Zustand als auch der Zustand zu Versuchsende ausgewertet. Der eingelaufene Zustand wurde anhand des Erreichens der Fließdruckgrenze beurteilt und zu $N = 2 \cdot 10^6$ Lastwechseln gesetzt. Die angegebene Gesamtüberlebenswahrscheinlichkeit ist der Mittelwert der Überlebenswahrscheinlichkeiten nach dem Einlauf und nach dem Prüflauf. Die Streuung beschreibt die Spanne der Überlebenswahrscheinlichkeit zwischen den beiden Analysezeitpunkten. Die Auswertung erfolgte analog zu den Untersuchungen für eine Überlebenswahrscheinlichkeit von $P_Ü = 50$ %. Die in der Simulation vorgegebenen und in Bild 7.21 unten dargestellten äußeren Belastungen wurden aus den Versuchsergebnisse zur Wälzfestigkeit im Scheibenkontakt übernommen.

Trotz der unterschiedlichen Versuchsbedingungen ordneten sich alle Varianten in den Zielkorridor der Dauerfestigkeit ein. Die anteilige Zusammensetzung der Überlebenswahrscheinlichkeiten für die Oberfläche und das Volumen entspricht den in den Schadensbildern dokumentierten Zuständen. So wurden wirkungsgerecht für die makroskopisch höher belastete Variante S11 höhere Oberflächenüberlebenswahrscheinlichkeiten als für die Varianten REF, T60 und 320 errechnet, siehe einen Vergleich der Ergebnisse mit Bild 7.18. Die Variante Rz1, die im Bereich der Flüssigkeitsreibung untersucht wurde, konnte vollständig durch das Volumenmodell beschrieben werden. Für die anderen Varianten wurde ein dominierender Einfluss aus dem Kontakt technischer Oberflächen bestimmt. Die Streuungsbreite der Berechnungsergebnisse zu den verschiedenen Analysezeitpunkten stand in Zusammenhang mit dem Umfang der Veränderung der Hertz'schen Pressungskontur, vgl. Bild 7.20. Die Streuung für die geometrisch stabile Variante S11 sowie die Variante T60 war geringer als für die Varianten REF und 320.

- **Prüfbedingungen**

$d_{1/2}$ = 42,05 mm
R_{bal2} = 166 mm
n_1 = 3000 min^{-1}
R_z = 2,5 ± 0,5 µm
REF: s = -28 %
S11: s = -11 %
Rz1: R_z = 1 ± 0,5 µm
$T_{Öl}$ = 60 °C
T60: $T_{Öl}$ = 60 °C
320: ISO VG 320

- **Datengrundlage**
  - Dauerfeste Normalkraft
  - Reibwerte nach Messung
  - Messtopografien
- **Legende**
  - Absolutstreuung über Versuchslauf ab N = $2 \cdot 10^7$
  - Versuchsergebnis $P_Ü$ = 50 %

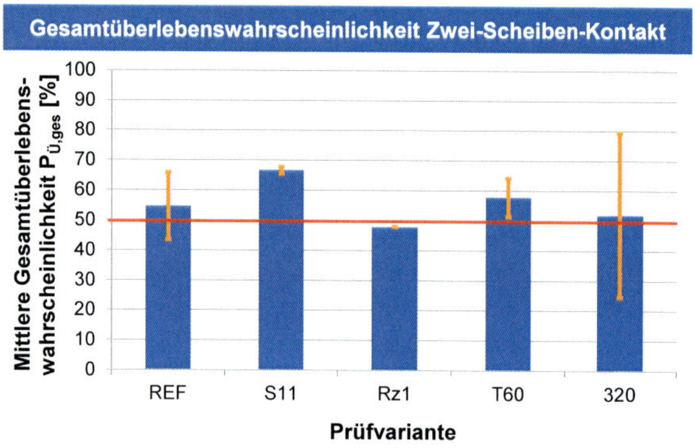

F_N [N]	3179	6396	10461	4679	3812
µ [-]	0.048	0.061	0.030	0.052	0.043

Bild 7.21: Gesamtüberlebenswahrscheinlichkeit für dauerfeste Beanspruchung
Total Probability of Survival for Endurance Strength Levels

Aus den Berechnungsergebnissen ließ sich die höchste Abweichung für die Variante S11 feststellen, gefolgt von der Variante T60. Für die vornehmlich durch den Oberflächenkontakt dominierten und veränderten Varianten REF und 320 ergab sich eine gute Übereinstimmung. Abgesehen von der Variante Rz1 war somit die Abweichung vom Zielwert mit zunehmender Normalkraftbelastung höher. In [VOLG91] wurde bereits nachgewiesen, dass die bei Variante Rz1 beobachtete plastische Verformung einen kaltverfestigten Randzonenzustand mit einer Härtezunahme bewirken kann. Damit kann eine Wälzfestigkeitszunahme verbunden sein. Möglicherweise liefert eine Kalibrierung des Volumenmodellansatzes unter Berücksichtigung veränderlicher Werkstoffzustände ein Optimierungspotenzial für eine verbesserte Beschreibung hochbeanspruchter Prüfvarianten.

7.7 Fazit

Conclusion

In den Versuchen war die Ermüdung im Wälzkontakt sowohl von der Beanspruchung im Volumen als auch von der Beanspruchung in der unmittelbaren oberflächennahen Randzone abhängig. Für die Quantifizierung der jeweiligen Beanspruchungsformen wurden numerische Rechenmodelle konzipiert, formuliert und in einer Rechenmethode zur Bestimmung der Wälzfestigkeit zusammengeführt. Die Methodenvalidierung wurde experimentell am Zwei-Scheibenversuch durchgeführt. Für die Volumenbeanspruchung wurde aufbauend auf der Methode finiter Elemente (FEM) ein neues thermo-mechanisches Rechenmodell aufgebaut und verifiziert. Die Anwendung des FEM-Modells auf technische Oberflächen war nicht möglich. Um dennoch hochaufgelöst große Kontaktflächen berechnen zu können, wurde eine neue Methode zur großflächigen Mikrokontaktrechnung vorgestellt. Auf Basis der Halbraumtheorie konnten aus dieser Methode großflächige Mikropressungs- und Mikrospannungsverteilungen bestimmt werden. Die Zusammenführung der beiden Modelle erfolgte im erweiterten Fehlstellenmodell [ZUBE08].

Die Berechnung sowie das Experiment kamen zu übereinstimmenden Ergebnissen. Somit ließ sich die Forschungsfrage zur Möglichkeit der numerischen Wälzfestigkeitsberechnung durch Trennung von Volumen- und Oberflächenbeanspruchung positiv beantworten. Mit der vorgestellten Methode war es möglich, die Dauerfestigkeit für zahnradtypische Wälzbeanspruchungsbedingungen lokal zu berechnen und zu einem globalen Gesamtkennwert für die Wälzfestigkeit zusammenzufassen.

Die Rechenmethode erfasst flexibel die äußeren Belastungen und die Kontaktgeometrien und erlaubt die Berechnung der resultierenden Beanspruchungen, die bekannten Werkstoffkennwerten gegenübergestellt werden. Damit liefert die Methode einen Beitrag zu einer allgemeinen Lösung der Wälzfestigkeitsberechnung. Nicht erfasst, allerdings relevant sind die über dem Prüflauf veränderlichen Kontakt- und Beanspruchungsbedingungen, die ein inneres Lastkollektiv verursachen und hier nur zu ausgewählten Zeitpunkten analysiert wurden. Ebenfalls sind beanspruchungsabhängige Werkstoffveränderungen über dem Versuchslauf nicht Bestandteil der Methode. Zu überprüfen ist die Transferierbarkeit der Methode auf weitere Wälzkontaktgeometrien und der damit verbundene rechnerische Nachweis der lokalen Äquivalenz der Wälzermüdung.

8 Übertragung und Reflexion der Methode

Transfer and Reflection of Method

Der vorliegenden Arbeit liegt die Forschungsthese zugrunde, dass die Ermüdung nur von der lokalen Anstrengung eines Volumenelements abhängig ist (lokale Äquivalenz der Ermüdung). Die Gültigkeit der Forschungsthese wurde anhand der Untersuchungen in den Abschnitten 5 und 6 gezeigt, da lokal vergleichbare Anstrengungsbedingungen zu einer vergleichbaren Dauerfestigkeit geführt haben. In Kapitel 7 wurde eine Methode zur Wälzfestigkeitsberechnung für den Zwei-Scheibenwälzkontakt vorgestellt. Zur Prüfung der Forschungshypothese zur lokalen Äquivalenz der Wälzermüdung aus rechnerischer Perspektive wurde das erweiterte Fehlstellenmodell auf einen weiteren Wälzkontakt, den Zahnflankenkontakt, angewendet, **Bild 8.1**.

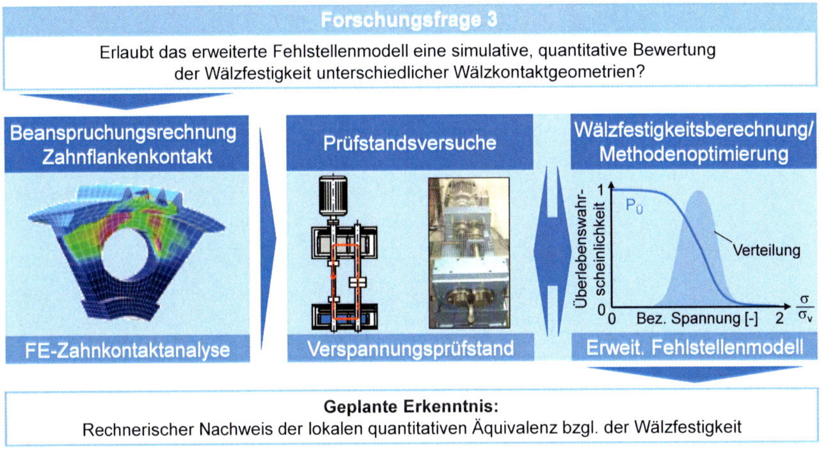

Bild 8.1: Vorgehensweise – Forschungsfrage 3

Approach – Research Question 3

Zunächst wurden die Zusatzbeanspruchungen in der Zahnflankenrandzone gegenüber dem Zwei-Scheibenkontakt bestimmt. Dazu wurden die FE-basierte Zahnkontaktanalyse um eine Berechnung der Volumenspannungen erweitert sowie über den Wälzkontakt hinausgehende Beanspruchungen identifiziert. Anschließend erfolgte mit der in Kapitel 7 geschilderten Vorgehensweise die Berechnung der Überlebenswahrscheinlichkeit für die in Abschnitt 6 untersuchte Zahnradvariante.

8.1 Zusätzliche Beanspruchungen im Zahnflankenkontakt

Additional Loads in Tooth Flank Contact

Analog zum Zwei-Scheibenkontakt ist der Zahnflankenkontakt beim Überlauf der Berührlinie durch einen mehrachsigen, zeitlich veränderlichen Spannungszustand charakterisiert. Über den Hertz'schen Kontaktablauf hinaus ergeben sich im Vergleich der Kontaktformen Unterschiede, die für die Modellbildung zu berücksichtigen sind.

Dazu zählen im Besonderen die Normalkraftasymmetrie und die Sekundärbeanspruchung. Die Normalkraftasymmetrie wurde in Abschnitt 5.3 analysiert und kann anhand des auf die Normalkraft bezogenen Normalkraftasymmetriefaktors wirkungsgemäß berücksichtigt werden. Die nachfolgende Analyse behandelt die Quantifizierung der Sekundärbeanspruchung aufbauend auf [BREC11a, BREC13a, BREC13c].

8.1.1 Beschreibung des zeitlichen Ablaufs der Zahnflankenbeanspruchung

Description of Time-Dependent Run of Tooth Flank Loads

Die Beanspruchung eines Volumenelements der Zahnflanke zeichnet sich durch eine Erst- sowie eine nachfolgende Zweitbeanspruchung aus, **Bild 8.2**. Im unbeanspruchten Fall bestimmen die Eigenspannungen den Beanspruchungszustand (1). Die Primärbeanspruchung resultiert aus der Kontaktabplattung, die vor allem einen Druckspannungszustand in der Kontaktzone bewirkt und dem Eigenspannungszustand überlagert ist (2). Die Beanspruchung zu diesem Zeitpunkt wird insbesondere durch die Normal-, Tangential- und Temperaturbeanspruchung infolge Reibung, des Makro- und Mikro-Hertz'schen Kontakts sowie des Schlupfeinflusses (Normalkraftasymmetrie) bestimmt [BREC11a]. Nach dem Kontaktvorgang erfährt das betrachtete Volumenelement eine über dem restlichen Eingriff zunehmende Lastzugspannung infolge der Zahnverformung, die als Sekundärbeanspruchung definiert wird (3). Somit kommt es zu einer Vergrößerung der Gesamtbeanspruchungsamplitude gegenüber dem primären Kontaktvorgang. In Abhängigkeit des Eigenspannungsniveaus ist das Auftreten von Wechselspannungszuständen möglich.

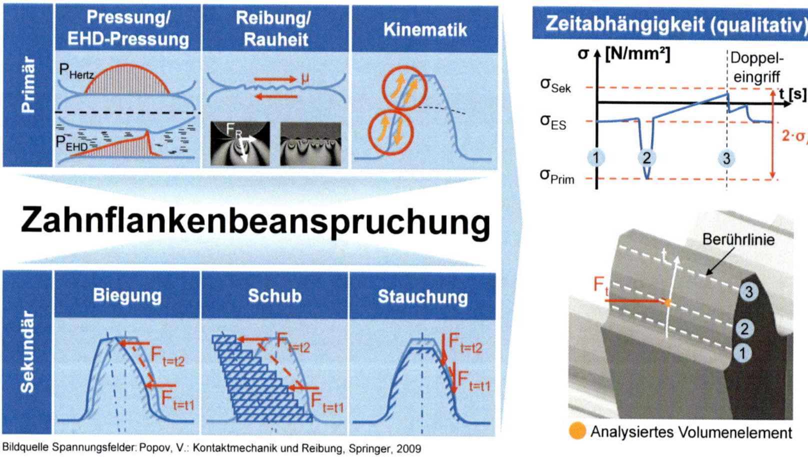

Bild 8.2: Zeitabhängigkeit der Beanspruchung eines Volumenelements der Zahnflanke
Time Dependency of Loads on a Volume Element of Tooth Flank

Zur Ermittlung der Sekundärbeanspruchungsanteile wurde ein vereinfachter, analytischer Berechnungsansatz auf Basis der Biegebalkentheorie am rechteckigen Biegebalken beschrieben [KAGE02], der in [HERT03] um die Berechnung in Bauteiltiefenrichtung erweitert wurde, **Formeln (8.1) - (8.5)**. Das zugrunde liegende Modellverständnis ist in **Bild 8.3** gezeigt. Für die Berechnung wird die Zahnflanke in Breitenrichtung zunächst in n_B Scheiben aufgeteilt. An diesen Scheiben wird die Zahnnormalkraft $F_{n\,ij^*}$ in der Höhe j* ermittelt. Einflüsse aus dem Kraftangriff an benachbarten Scheiben werden in dieser Betrachtung vernachlässigt. Der Kraftangriff erfolgt am Element ij*, das oberhalb des Elements ij liegt, an dem die Spannungen ausgewertet werden.

$$F_q = F_{n,ij^*} \cdot cos(\alpha_{yn,ij^*}) \quad (8.1)$$

$$F_d = F_{n,ij^*} \cdot sin(\alpha_{yn,ij^*}) \quad (8.2)$$

$$\sigma_{b,ij} = \frac{6 \cdot F_q \cdot h_{t,ij^*}}{b_i \cdot s_{n,ij}^2} \cdot \left(\frac{0{,}5 \cdot s_{n,ij} - x}{0{,}5 \cdot s_{n,ij}}\right) \quad (8.3)$$

$$\sigma_{d,ij} = \frac{-F_d}{b_i \cdot s_{n,ij}} \quad (8.4)$$

$$\tau_{q,ij} = \frac{6 \cdot F_q}{b_i \cdot s_{n,ij}^2} \cdot x \cdot \left(1 - \frac{x}{s_{n,ij}}\right) \quad (8.5)$$

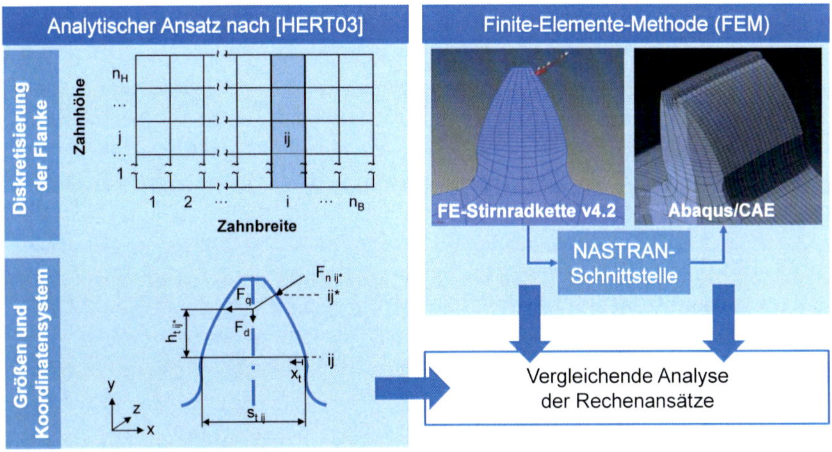

Bild 8.3: Modelle zur Bestimmung der Sekundärbeanspruchungen an Zahnflanken
Models for Determination of Secondary Loads on Tooth Flanks

Die Berechnung mit der Finite-Elemente-Methode, z.B. der FE-basierten Zahnkontaktanalyse FE-Stinradkette bietet eine weitere Möglichkeit zur Bestimmung des Spannungstensors infolge der Sekundärbeanspruchung. Dazu wurde die Zahnkontaktanalyse analog zur Grundfunktionalität der Ausgabe lokaler Spannungsverteilungen im Zahnfuß um die Ausgabe von Spannungstensoren für jede Wälzstellung im Bereich der Zahnflanke erweitert. Die Spannungen wurden aufbauend auf den Berührpunktkräften und den Verschiebungseinflusszahlen des

FE-Modells aus der Gesamtdeformation berechnet. Da das Koordinatensystem der FE-Stirnradkette achsbezogen und nicht bezogen auf die Evolvente gewählt war, war für einen Vergleich mit dem analytischen Rechenansatz abschließend eine Koordinatentransformation erforderlich. Zur Verifikation der Ergebnisse erfolgte ein Abgleich mit dem allgemeinen FEM-Programmsystem Abaqus/CAE. Das Modell sowie der Lastangriff wurde über eine NASTRAN-Schnittstelle direkt aus der FE-Stirnradkette in Abaqus übernommen, Bild 8.3 rechts.

8.1.2 Quantifikation der Sekundärbeanspruchung an Zahnflanken

Quantification of Secondary Loads on Tooth Flanks

Anhand einer vergleichenden Analyse sollte ermittelt werden, welche Größenordnung die Sekundärbeanspruchung im Vergleich zur Primärbeanspruchung erreicht und wie die Eignung der vorgestellten Modellansätze zur Beschreibung der Sekundärbeanspruchungen ist. Es wurde die Normalspannung in Profilrichtung σ_y ausgewertet, die besonders durch die Sekundärbeanspruchung beeinflusst wird. Die Analyse erfolgte einerseits über dem Ritzeldurchmesser für die maximal beanspruchende Wälzstellung und andererseits für einen festen Auswertepunkt auf der Zahnflanke während des Abwälzvorgangs. Zur Vermeidung einer überdeckungs-abhängigen Maskierung der Ergebnisse aus der Sekundärbeanspruchung durch wechselnde Linienlastniveaus wurde der Achsabstand der Verzahnung so vergrößert, dass die Profilüberdeckung auf $\varepsilon_\alpha = 1$ reduziert war.

Es wurden zwei unterschiedliche Geradverzahnungen für die Analyse betrachtet, die sich jeweils unterschiedlich auf die Sekundärbelastung auswirken. Die Variante A weist durch einen erhöhten Eingriffswinkel einen erhöhten Radialkraftanteil auf, während Variante B durch die Wahl höherer Kopfkreisdurchmesser höhere Hebelarme und somit höhere Tangentialzugspannungen verursacht, **Bild 8.4**. Die Hauptgeometrie der beiden Varianten wurde bereits in [WIMM06] untersucht. Die Analyse der Spannungen erfolgte jeweils axial mittig auf der Zahnflanke. Im oberen Bereich von Bild 8.4 werden die Spannungen entlang des Zahnprofils für einen fixierten Kraftangriffspunkt analysiert. Der Kraftangriffsort entspricht dem Maximalwert der Abszisse. Im unteren Bereich von Bild 8.4 wird der Auswertepunkt festgehalten und die Berührlinie in Zahnhöhenrichtung verschoben. Der Auswertepunkt entspricht dem Durchmesser, für den die höchsten Druckspannungen angegeben werden.

Für beide Geradverzahnungsvarianten wurden mit der FE-Stirnradkette und dem Programmsystem Abaqus/CAE identische Beanspruchungen berechnet. Für Variante A wurden mit dem analytischen Ansatz geringere Spannungswerte ermittelt. Die Berechnung erfolgte für diese Variante zur unsicheren Seite. Für die Hochverzahnung lagen das Niveau und der Verlauf der Spannungen für alle Ansätze vergleichbar. Das Spannungsniveau war für Variante B infolge der größeren Krafthebelarme und des verminderten Zahnquerschnitts größer. Für beide Varianten war ein Anstieg der Gesamtspannungsamplituden durch die Sekundärbeanspruchung sowie das Auftreten von Zugspannungen erkennbar, die abhängig vom Eigenspannungsniveau eine ermüdungskritischen Zug-Druck-Wechselbeanspruchung bedingen kann.

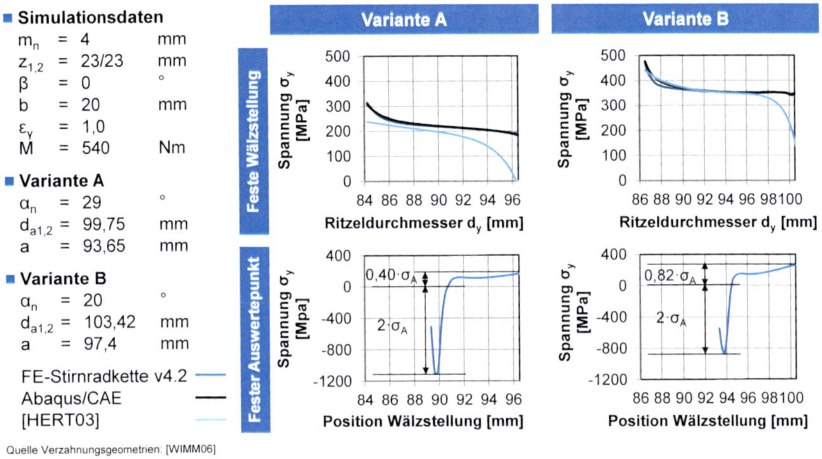

Bild 8.4: Analyse der Sekundärflankenbeanspruchungen an Geradverzahnungen

Analysis of Secondary Flank Loads of Spur Gears

8.2 Anwendung des Rechenmodells auf den Zahnflankenkontakt

Application of Model on Tooth Flank Contact

Die lokale Ermittlung der Belastungskenngrößen Normalkräfte bzw. Pressungen, Reibwerte und Geschwindigkeiten kann für die Zahnflanke anhand der in Abschnitt 5.3 beschriebenen Vorgehensweise auf Basis der FE-basierten Zahnkontaktanalyse realisiert werden. Ebenso kann der Kontaktvorgang (Primär- und Sekundärbeanspruchung) mit der in Abschnitt 7 beschriebenen Berechnungsmethode hinsichtlich seiner Mehrachsigkeit und zeitlichen Veränderung wirkungsgerecht abgebildet werden. Die ermittelten Zusammenhänge lassen sich als Auswerteroutine für die aus der FE-basierten Zahnkontaktanalyse resultierenden lokalen Kenngrößen pro Berührpunkt anbinden. Auf Grundlage der beschriebenen Erweiterungen der FE-basierten Zahnkontaktanalyse FE-Stirnradkette zur Abbildung der zeitabhängigen Spannungsverhältnisse wurde die lokale Grübchentragfähigkeitsberechnung im erweiterten Fehlstellenmodell durchgeführt. Für die Ermittlung der Oberflächenüberlebenswahrscheinlichkeit wurde der in Abschnitt 7 vorgestellte Ansatz auf repräsentative, gemessene Oberflächenausschnitte der Zahnflanken angewendet.

8.2.1 Kontaktbeanspruchung im Zahneingriff

Contact Strain in Tooth Mesh

Für die in Abschnitt 6 analysierte Prüfverzahnung ist die Zusammenstellung der charakteristischen Kenngrößen zur Beurteilung der Kontaktbeanspruchung in **Bild 8.5** abgebildet. Die in Analogie zum Zwei-Scheibenversuch gewählte Kontaktgeometrie führte zu einem punktkontaktähnlichen Pressungsverlauf entlang der Berührlinien. Die mit der FE-Stirnradkette simulierten Kontaktbereiche stimmten mit dem Versuch überein. Im Bereich des Einzeleingriffs mit annähernd konstanten Berührlinienlängen stellten sich die höchsten Pressungsbeträge ein, die infolge des Verlaufs der Ersatzkrümmungsradien über der Zahnhöhe zu einem Maximum im Bereich des inneren Einzeleingriffspunkts führten.

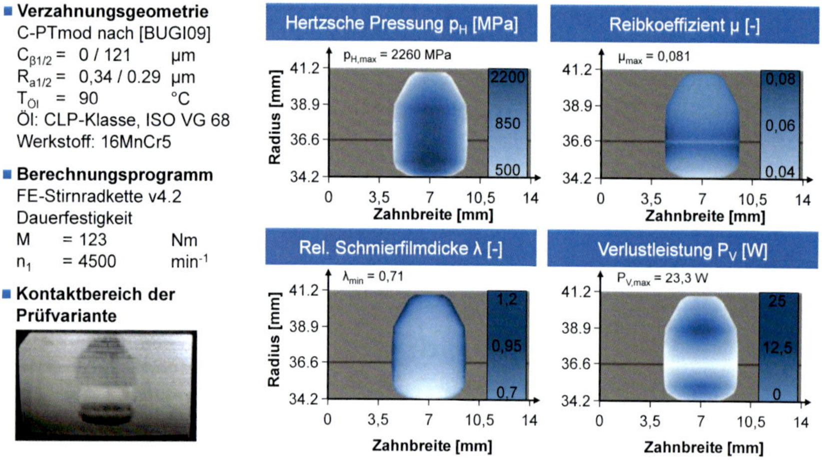

Bild 8.5: Beanspruchungskenngrößen des Zahnkontakts

Strain Parameters of Tooth Contact

Die schlupfabhängige, lokale Reibwertverteilung diente der Bewertung der Tangential- und Temperaturspannungsverteilung auf der Zahnflanke. Im Bereich des Wälzkreises ergab sich das Minimum für den Reibwert, da dort theoretisch reines Rollen vorliegt. Die Berechnung der relativen Schmierfilmdicke (lokale Anwendung des Rechenansatzes nach [SCHR00]) wies für den gesamten Kontaktbereich Mischreibungsverhältnisse auf, wobei sich im Bereich negativen Schlupfes die geringsten Kontaktabstände der Zahnflanken ergaben. Damit verbunden ist ein höherer Festkörpertraganteil in diesem Kontaktbereich, der eine verstärkte Oberflächenermüdung bewirken kann. Diese Beobachtung steht im Zusammenhang mit den in Bild 6.6 geschilderten Unterschieden im Bereich hohen und geringen negativen Schlupfes. Die gemäß der in Abschnitt 5 beschriebenen Vorgehensweise ermittelte lokale Verlustleistungsverteilung steht in Beziehung zum örtlichen Wärmeeintrag und den daraus resultierenden Temperaturspannungen. Die Einzeleingriffspunkte B und D wiesen aufgrund der Kombination von maximalen Pressungen mit maximalen Gleitgeschwindigkeitsbeträgen für die analysierte Variante die höchsten Beträge der Verlustleistung auf.

8.2.2 Beanspruchungen und Überlebenswahrscheinlichkeit

Strains and Probability of Survival

Die aus der Zahnkontaktanalyse FE-Stirnradkette sowie Oberflächenanalyse resultierenden Überlebenswahrscheinlichkeiten sind in **Bild 8.6** dargestellt. Zusätzlich ist die

Sekundärnormalspannung gemäß der Vorgehensweise nach Abschnitt 8.1 angegeben. Die resultierenden Zugspannungen bewirkten insbesondere im Doppeleingriffsgebiet bei negativen Schlupfbedingungen eine Vergrößerung der Spannungsamplitude über dem Gesamteingriff. Die lokal analysierten Volumenüberlebenswahrscheinlichkeiten zeigen die niedrigsten Beträge am Ort des inneren Einzeleingriffs. Eine Minderung der Überlebenswahrscheinlichkeit wurde im gesamten Einzeleingriffsbereich und teilweise im inneren Doppeleingriffsbereich berechnet.

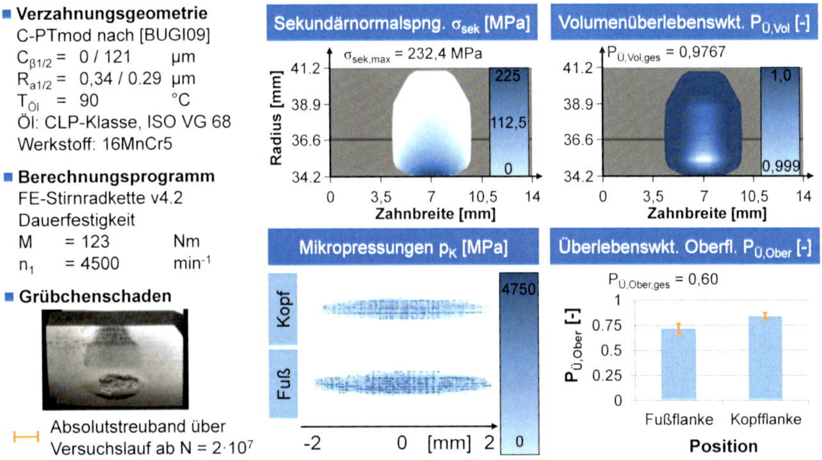

Bild 8.6: Sekundärspannungen und Überlebenswahrscheinlichkeiten
Stresses and Probabilities of Survival

Ähnlich zu den Untersuchungen der Zwei-Scheibenversuche im Mischreibungsgebiet hatte die Oberflächenbeanspruchung den dominanteren Anteil in der Zusammensetzung der Gesamtüberlebenswahrscheinlichkeit. Im unteren Bereich von **Bild 8.6** sind die sich aus den Oberflächentopografien ergebenden Pressungsverteilungen und Überlebenswahrscheinlichkeiten für repräsentative Zahnflankenbereiche dargestellt. Es wurden der Fußflanken- sowie Kopfflankenbereich getrennt ausgewertet. Der Topografie wurden für den jeweiligen Flankenbereich repräsentative Werte für den Reibwert sowie den Tangentialgeschwindigkeiten überlagert.

Die mit den Topografien ermittelte Pressungsverteilung wies einen geringeren Einglättungsgrad als im Zwei-Scheibenversuch auf. Die höchsten Pressungsbeträge ergaben sich im Fußflankenbereich. Von dort nahmen die Maximalbeträge Richtung Zahnkopf ab. Die Fließgrenze von $p_{Fliess} = 4750$ MPa, die in der Auswertung der Zwei-Scheibenversuche festgestellt wurde, wurde im Zahnflankenbereich überschritten. Die maximale Mikropressung (vgl. **Bild 7.20**) lag etwa doppelt so hoch. Als Gründe hierfür lassen sich einerseits die besseren Schmierstofftragverhältnissen aufgrund der axialen Schliffrichtung nennen. Das vereinfachte Schmierstoffmodell bildet den durch die Erhöhung des Abströmwiderstands resultierenden erhöhten Flüssigkeitstraganteil sowie die Kreuzeinflüsse nicht wirkungsgetreu ab, sodass Mikrofestkörperkontakte überbewertet werden. Andererseits sind die Steifigkeitsverhältnisse in Normalkraftrichtung im Zwei-Scheibenkontakt höher. Daraus kann ein verminderter Einglättungsgrad der Oberflächen resultieren. Dieser Zusammenhang wird über eine Erhöhung der Ersatzstrukturlänge für die Stützwirkung auf eine Tiefe von t = 20 µm berücksichtigt, wie er auch betragsmäßig für den Wälzkontakt von gehärtetem Stahl in der Literatur beschrieben wird [GNIL92].

Ähnlich zur Volumenüberlebenswahrscheinlichkeit wurden für die Oberflächenüberlebenswahrscheinlichkeit geringere Beträge im Fußflankenbereich gegenüber dem Kopfflankenbereich ermittelt. Zusammengeführt ergab sich anhand der Gesamtüberlebenswahrscheinlichkeit aus der Überführung des erweiterten Fehlstellenmodells vom Zwei-Scheibenkontakt auf den Zahnflankenkontakt eine Übereinstimmung der Berechnung mit dem Prüfergebnis, das für eine Überlebenswahrscheinlichkeit von $P_Ü$ = 50 % ermittelt wurde, Gleichung (8.2).

$$P_{Ü,ges} = P_{Ü,Oberfläche} \cdot P_{Ü,Volumen} = 0{,}6 \cdot 0{,}9767 = 0{,}586 \tag{8.6}$$

Die örtliche Zuordnung von Berührlinienüberlebenswahrscheinlichkeiten und Auftretensorten der Grübchen ist in **Bild 8.7** (siehe auch Bild 6.10) abgebildet. Die Grübchenschädigung begann bereits im Bereich des Doppeleingriffs. Die Flankensekundärspannungen lieferten einen Beitrag dazu, dass die Überlebenswahrscheinlichkeiten auch außerhalb des Einzeleingriffs geringer sind. Die geringere Überlebenswahrscheinlichkeit im Bereich des inneren Doppeleingriffs steht mit der Entstehung von Grübchen bereits in diesem Bereich im Zusammenhang.

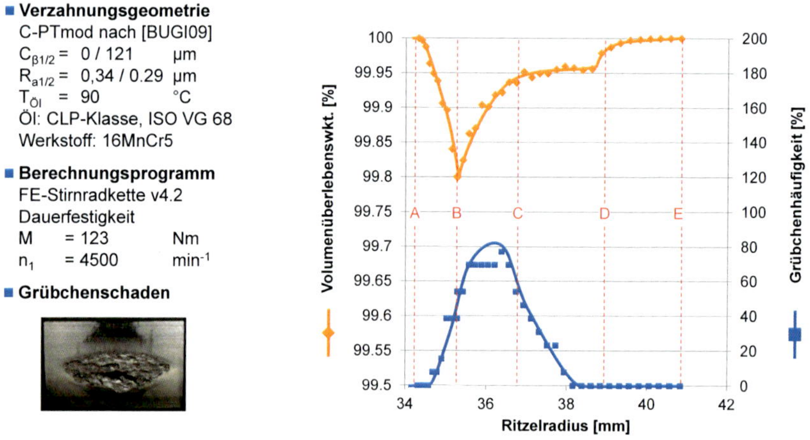

Bild 8.7: Verteilung von Überlebenswahrscheinlichkeiten und Grübchenorten

Distribution of Probabilities of Survival and Pitting Locations

Im Flankenbereich zwischen innerem Einzeleingriff B und dem Wälzpunkt C wurde das Maximum der Auftretenshäufigkeit der Grübchen in den Untersuchungen festgestellt. Das Minimum der Überlebenswahrscheinlichkeit wurde am Punkt B beobachtet. Da sich Grübchenschäden in Zahnhöhenrichtung ausbreiten, lässt sich hieraus das Maximum der Grübchenhäufigkeitsverteilung in diesem Bereich bzw. bei etwas höheren Ritzelradien erklären. Oberhalb des Wälzkreises wurde ein konstantes Niveau erreicht. Mit dem Übergang zum äußeren Doppeleingriff wurden weder Grübchen noch verminderte Überlebenswahrscheinlichkeiten beobachtet. Zusammenfassend beschreibt die Verteilung der Überlebenswahrscheinlichkeit den Ort des Auftretens von Grübchen.

8.2.3 Reflexion der Berechnungsmethode

Reflection of Calculation Method

Die Bestimmung der Überlebenswahrscheinlichkeit im erweiterten Fehlstellenmodell basierend auf Messtopografien führte zu einer Übereinstimmung mit der im Prüfstand ermittelten Tragfähigkeit, ist allerdings aufwendig. Daher sollte geprüft werden, ob eine synthetische Berücksichtigung der Oberflächentopografie zu vergleichbaren Ergebnissen führt, sodass der Modellansatz bereits in der Auslegungsphase einer Zahnradstufe eingesetzt werden kann. Die synthetische Beschreibung der Oberflächenstruktur kann anhand von trigonometrischen Funktionen erfolgen. Die maximale Pressungsamplitude ergibt sich gegenüber dem glatten Kontakt anhand des Pressungsüberhöhungsfaktors p*. Das Argument φ bildet die Topografie der Oberfläche in tangentialer Richtung nach. Die numerische Schrittweite hängt von der Wellenlänge der Schliffstruktur, der Hertz'schen Abplattungsbreite sowie der Anzahl an Diskretisierungsstellen ab und wird durch den Stufenschritt φ* beschrieben.

$$p_{i,mikro} = p_{i,makro} + p_{i,makro} \cdot |p^* \cdot cos(\varphi)| \tag{8.7}$$

$$p^* = \frac{p_{max,mikro} - p_{max,makro}}{p_{max,makro}} \tag{8.8}$$

$$\varphi^* = \frac{2 \cdot \pi}{n_{press}} \cdot \frac{2 \cdot b_0}{\lambda_{Schliff}} \tag{8.9}$$

Der beschriebene, einfache Modellierungsansatz wurde hinsichtlich der Pressungsüberhöhung vergleichend zu den Ergebnissen mit den Messtopografien aus Abschnitt 8.2.2 auf den Ort maximaler Beanspruchung im Fußflankenbereich referenziert. Die Wellenlänge der Axialschliffstruktur in tangentialer Richtung betrug $\lambda_{Schliff}$ = 0,05 mm. Die aus der synthetisch erzeugten Oberflächenstruktur berechnete Pressungsverteilung ist in **Bild 8.8** dargestellt. Gegenüber der Originaltopografie erscheint die Pressungsverteilung gleichförmiger. Insbesondere die Unterbrechungen in axialer Richtung liegen nicht mehr vor, sodass das Beanspruchungsniveau gegenüber der Berechnung mit Originaltopografien etwas höher liegt.

Für die Volumenüberlebenswahrscheinlichkeiten ergaben sich gegenüber der Analyse in Abschnitt 8.2.2 keine Unterschiede, da in diesem Modell der Oberflächenstruktureinfluss vernachlässigt wird. Daher sind die aus der synthetischen Modellierung abgeleiteten lokalen Oberflächenüberlebenswahrscheinlichkeiten abgebildet. Die Berücksichtigung der Oberflächenstruktur führte zu einer Verringerung der Beträge der Überlebenswahrscheinlichkeit und zu einer Vergrößerung des Flankenbereichs mit geringeren Überlebenswahrscheinlichkeiten. Der Verlauf in Profilrichtung blieb unverändert, sodass sich weiterhin eine Übereinstimmung mit der Erstreckungslänge der Grübchen nach Bild 8.7 ergibt. In axialer Richtung stimmt die Ausprägung der Überlebenswahrscheinlichkeiten mit dem Schadensbild ebenfalls überein.

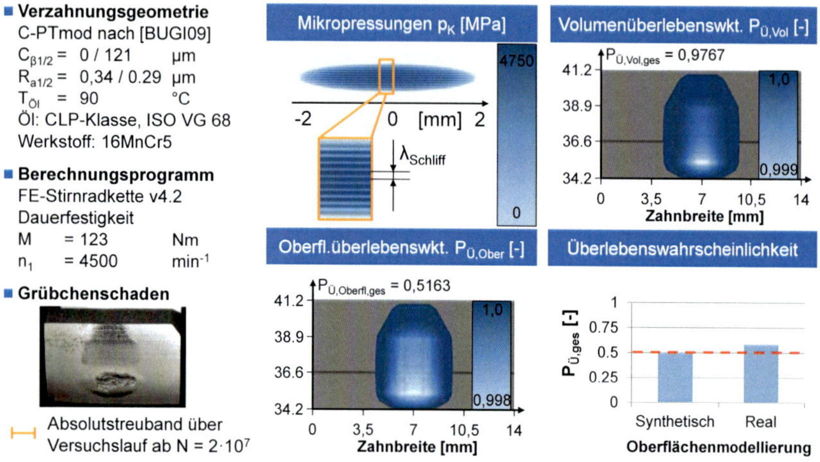

Bild 8.8: Überlebenswahrscheinlichkeit bei synthetischer Mikropressungsvorgabe
Probability of Survival for Synthetic Description of Micro Pressure

Der Betrag der errechneten Überlebenswahrscheinlichkeit aufbauend auf synthetischen Vorgaben lag geringer im Vergleich zu der Berechnung mit realen Topografien. Der Grund hierfür ist, dass der synthetische Pressungsverlauf aufgrund seiner Regelmäßigkeit ein höheres Gesamtbeanspruchungsniveau als die Pressungsverteilung auf Basis der Messtopografien aufwies.

In einem weiteren Schritt wurde das Modell auf Versuchsreihen aus dem Stand der Technik angewendet, die in [TOBI01] beschrieben wurden. Die beiden analysierten Varianten unterscheiden sich insbesondere hinsichtlich des Härtetiefen- und Eigenspannungstiefenverlaufs, während die Kontaktgeometrie und Oberflächenstruktur in beiden Varianten gleich gewählt wurde, siehe **Bild 8.9**.

Im unteren Bereich von Bild 8.9 sind die Ergebnisse des Berechnungsmodells dargestellt. Die lokal ermittelten Überlebenswahrscheinlichkeiten stellen insbesondere den Einzeleingriffsbereich heraus. Allerdings wurden auch außerhalb des Einzeleingriffs in der Nähe zum Übergang verminderte Überlebenswahrscheinlichkeiten berechnet. Das Minimum ergab sich am Einzeleingriffspunkt B, was in Übereinstimmung mit den in [TOBI01] dokumentierten Orten der Grübchenentstehung und des Grübchenwachstums ist, vgl. Bild 8.9 unten links. Am nahezu reibungsfreien Wälzkreis ergab sich ein Anstrengungsminimum.

Die Berechnung des dauerfest übertragbaren Drehmoments für eine Überlebenswahrscheinlichkeit von $P_Ü = 50$ % ist mit den im Versuch ermittelten Werten in

Bild 8.9 unten rechts dargestellt. Die Abstufung der Varianten wurde im Berechnungsmodell richtig erfasst. Ebenfalls wurde das Niveau des dauerfest übertragbaren Drehmoments gut beschrieben. Wie in den Analysen in Bild 8.8 lagen die errechneten Kennwerte unterhalb den tatsächlichen Niveaus, da durch die synthetische Vorgabe der Pressungsverläufe ein höheres Gesamtbeanspruchungsniveau resultierte.

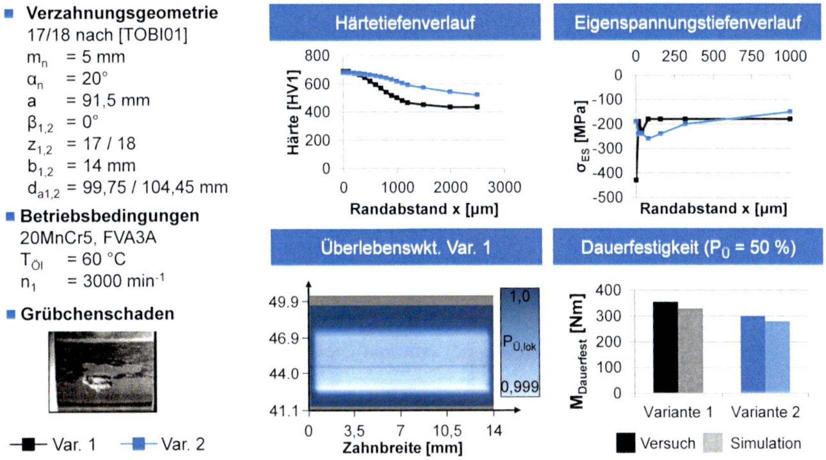

Bild 8.9: Anwendung des Modells auf Ergebnisse des Stands der Technik nach [TOBI01]

Application of Model on Results of State of the Art acc. to [TOBI01]

Mit der Analyse der Versuchsreihen aus [TOBI01] wurde einerseits der Werkstoffeinfluss (Härte, Eigenspannungen) berücksichtigt. Insbesondere wurde jedoch der Größeneinflusses in der Ermüdungsberechnung berücksichtigt, da die Kontaktfläche bei den Versuchsreihen trotz ähnlicher Makrogeometrie durch die Wahl der Zahnflankenmodifikationen gegenüber der im Rahmen dieser Arbeit untersuchten Zahnradvariante erhöht war. Damit verbunden war eine Absenkung der maximal dauerhaft übertragbaren Pressung von $p_{H,max} \approx 2100$ MPa bei der gemäß des Zwei-Scheibenversuchs ausgelegten Verzahnungsvariante auf $p_{H,max} \approx 1600$ MPa bei der auf volle Kontaktbreite ausgelegten Prüfverzahnungsvariante Var. 1.

8.3 Fazit

Conclusion

In diesem Abschnitt wurde der allgemein formulierte, lokale Berechnungsansatz zur Berechnung der Dauerfestigkeit im Wälzkontakt vom Zwei-Scheibenkontakt auf den Geradstirnradzahnflankenkontakt überführt. Für diese Kontaktform stimmten die Berechnungsergebnisse mit der in den Untersuchungen ermittelten Dauerfestigkeiten überein. Somit ist es gelungen, die allgemeine Berechnungsmethode unabhängig von der Wälzkontaktform übereinstimmend zum Versuch anzuwenden.

Über die Berechnungsmethode mit Messtopografien hinaus wurde ein Berechnungsansatz für synthetisch erzeugte Oberflächenstrukturen gezeigt, der auf trigonometrischen Funktionen aufsetzt. Damit ist eine Abschätzung der Wälzfestigkeit bereits im Auslegungsprozess ohne exakte Kenntnis von Amplitude und Wellenlänge der sich prozesskinematisch ergebenden Oberflächenstruktur für das Profil- oder Wälzschleifen möglich. Die Anwendung des Ansatzes auf Versuchsreihen auf den Stand der Technik zeigte eine Übereinstimmung mit versuchstechnisch ermittelten Werten. Mit der Anwendbarkeit auf üblich korrigierte Geradstirnräder ist die Berücksichtigung des Größeneinflusses in der Wälzfestigkeitsberechnung erfolgt.

Der Berechnungsansatz ist zur Beschreibung von Wälzkontakten, die eine achsparallele Anordnung und somit nur Gleitgeschwindigkeiten in tangentialer Richtung aufweisen, geeignet und validiert. Für Kontaktformen, bei denen weitere Gleitanteile überlagert sind, ist eine entsprechende Modellerweiterung erforderlich. Dies ist z.B. der Fall bei Schrägverzahnungen (Bohrgleiten) sowie Beveloidverzahnungen mit geschränkten Achsen oder Hypoidverzahnungen (Längsgleiten). Für diese Kontaktformen ist der gleitabhängige Reibwert in die jeweils weitere Raumrichtung zu ermitteln und die sich aus der Reibung ergebende, einwirkende Reibkraft in der Beanspruchungsanalyse zu überlagern.

Ebenfalls ist die weitere Studie und Verfeinerung der synthetischen Vorgabe von realitätsnahen Pressungsverteilung insbesondere unter Berücksichtigung des Kräftegleichgewichts mit der von außen vorgegebenen Normalkraft sinnvoll. Damit verbunden ist eine realitätsnahe Abbildung des Oberflächenkontakts bereits im Auslegungsprozess.

9 Zusammenfassung und Ausblick

Summary and Outlook

9.1 Zusammenfassung

Summary

In der vorliegenden Arbeit wurden Methoden zur Untersuchung und Berechnung der Ermüdungstragfähigkeit im Wälzkontakt ermittelt. Die Arbeiten dienten aus wirtschaftlich-technischer Sicht der Zielsetzung, eine Basis für die gesicherte Übertragbarkeit von Zwei-Scheibenversuchen und Stirnradzahnflankenversuchen zu schaffen. Die praktische Relevanz liegt in der Identifikation einer experimentellen sowie rechnerischen Übertragungsmethode von einem kostengünstigeren Prüfsystem (Scheibe) auf ein Zielprüfsystem (Zahnrad), wodurch die Qualifikation z.B. von Werkstoffen, Schmierstoffen, Fertigungseinflüssen o.ä. erleichtert wird. Damit wurde eine Grundlage dafür geschaffen, Aussagen zur Wälzfestigkeit größerer Komponenten zu schaffen, da der Zwei-Scheibenprüfstand bei gleichem Achsabstand kleiner als ein Zahnradprüfstand baut.

Die Methodik weist eine wissenschaftliche Originalität auf, da sie eine allgemeine Berechnung der Grübchentragfähigkeit erlaubt. Sie folgte der These, dass es für ein Volumenelement unbedeutend ist, ob es z.B. in einer Zahnflanke oder einer Scheibe beansprucht wird. Vielmehr ist es erforderlich, den ermüdungskritischen Beanspruchungszustand möglichst exakt zu ermitteln und zu bewerten, um ein Bauteilversagen korrekt zu beschreiben. Dieser Zusammenhang wurde als lokale Äquivalenz der Ermüdung definiert. Darüber hinaus erlaubt die Methode die Zusammenführung von lokalen Einzelergebnissen in einen Gesamtkennwert für das Bauteil, sodass der Größeneinfluss berücksichtigt wird.

Zunächst wurde die Rückführbarkeit der Reibbeanspruchung und Wälzfestigkeit auf den lokalen Gesamtbeanspruchungszustand experimentell belegt. In Untersuchungen zum Reib- und Ermüdungsverhalten konnten vergleichbare Ergebnisse zwischen dem Zwei-Scheibenversuch und Zahnradversuch ermittelt werden. Die Übertragung des Reibverhaltens konnte nur indirekt über Analysen der Verlustleistung erfüllt werden, da eine experimentell durchgeführte lokale Auflösung des Reibwerts auf der Zahnflanke derzeit nicht Stand des Wissens ist. Unter Berücksichtigung von Zusatzbeanspruchungen im Zahnkontakt, wie der Normalkraftasymmetrie, konnten übereinstimmende Ergebnisse zum Reibverhalten abgeleitet werden. Ebenfalls haben sich bei Verwendung gleicher Kontaktgeometrien vergleichbare Abläufe in der Ermüdung der Zahnflanken und Scheibenlaufbahnen ergeben. Zusammenführend konnte eine Überführbarkeit im Experiment bestätigt werden.

Darauf aufbauend ist ein allgemeines, lokales Rechenverfahren für den Wälzkontakt entwickelt worden, dass eine exakte Analyse des Beanspruchungszustands im Volumen sowie an der Oberfläche erlaubt. Die Volumenbeanspruchungen sind mit einem neuen thermo-mechanischen FEM-Modell ermittelt worden. Die Oberflächenbeanspruchungen wurden aufbauend auf gemessenen Topografien mit der Halbraumtheorie bestimmt. Zur Ermittlung der realen Pressungsverteilungen wurde eine innovative Methode vorgestellt, die in hoher Auflösung große Kontaktflächen mit mehreren Millionen Knoten effizient berechnen kann. Die jeweiligen, aus den Messtopografien und experimentell ermittelten äußeren Belastungen (Normalkraft, Reibwert, Drehzahlen) berechneten Spannungstensoren wurden in einem erweiterten Fehlstellenmodell ausgewertet, sodass aus den lokalen Anstrengungen eine Zusammenführung zu einer Gesamtüberlebenswahrscheinlichkeit ermöglicht wurde. Die Rechenergebnisse für die unterschiedlichen Varianten wurden von den Versuchen im Zwei-Scheibenkontakt bestätigt.

Für den Methodentransfer auf den Zahnflankenkontakt wurden zunächst weitere Zusatzbeanspruchungen gegenüber dem Zwei-Scheibenkontakt quantifiziert. Als maßgebliche Zusatzbeanspruchungen wurden die sich im Anschluss an den Kontaktvorgang ergebenden Flankensekundärspannungen identifiziert. Die genaueste Berechnung der Sekundärspannungen ist derzeit mit der FEM (z.B. FE-basierte Zahnkontaktanalyse FE-Stirnradkette) möglich. Die Sekundärspannungen erhöhen die Spannungsamplitude gegenüber der reinen Auswertung des Kontaktvorgangs. Die Anwendung der zuvor am Scheibenkontakt validierten Berechnungsmethode führte ebenfalls zu einer mit dem Versuch übereinstimmenden Berechnung der Überlebenswahrscheinlichkeit des Zahnrads. Da der Rechenansatz aufbauend auf Messtopografien aufwendig ist, wurde zudem eine Analyse mit synthetisch erzeugten Oberflächentopografien durchgeführt. Die Berücksichtigung synthetischer Oberflächen kann zu validen Ergebnissen führen, bedarf aber weiterführender Analysen.

9.2 Ausblick

Outlook

Die im Rahmen der vorliegenden Arbeit ermittelte Berechnungsmethode zur Ermüdungstragfähigkeit erlaubt eine Überführung des Zwei-Scheibenkontakts und Zahnflankenkontakts für vergleichbare Kontaktgeometrien auf Grundlage eines lokalen Rechenansatzes. Zur gesicherten Anwendung auf weitere Zahnflankenkontakte (Schräg-, Kegelrad- und Hypoidverzahnungen) sind weiterführende Untersuchungen notwendig. Darüber hinaus weisen lokale Rechenverfahren ein Potenzial auf, bislang nicht gesichert berechenbare Eingriffe bzw. Kontaktbedingungen zu beschreiben, so z.B. die Zahnflankentragfähigkeit von Beveloidverzahnungen.

Der Rechenansatz eignet sich zur Bewertung der Dauerfestigkeit des Wälzkontakts. Die Untersuchungsergebnisse zeigen jedoch, dass der Ermüdungsvorgang zeitliche Veränderungen der Kontaktgeometrie und somit der Beanspruchungsverhältnisse bewirkt. Daher wurden in der hier vorgestellten Methode mehrere Zeitpunkte des Versuchslaufs ausgewertet. Eine Berücksichtigung bzw. Voraussage der Veränderungen in der Kontaktgeometrie für unterschiedliche tribologische Kontaktbedingungen ist für die Präzisierung der Methodik notwendig. Insbesondere würde eine solche

Erweiterung der Methode die Beschreibung der Zeitfestigkeit sowie der Reihenfolgeeffekte (aus Grauflecken resultierende Grübchen) in der Ermüdung erlauben.

Eine wesentliche Erweiterung der Beanspruchungsanalyse erlaubt die Berücksichtigung von Messtopografien in der Berechnung großflächiger Kontakte mit hoher Auflösung. In der Übertragung vom Zwei-Scheibenkontakt auf den Zahnflankenkontakt wurden deutlich höhere Mikropressungen für das Zahnrad bestimmt. Die erschwerten Abströmbedingungen für das Fluid durch den Axialschliff der Zahnflanke führen zu einem besseren Tragverhalten und damit geringeren Einlaufeffekten der Struktur. Die Abbildung dieses Effektes erfordert eine genauere Berücksichtigung des Schmierungseinflusses auf die Beanspruchung im gesamten Kontaktbereich. Eine derartige Analyse würde darüber hinaus eine genauere Beschreibung der thermisch-mechanischen Beanspruchung im Schmierspalt erlauben, was zum einen eine verbesserte Aussage zum Einfluss unterschiedlicher Fertigungsverfahren und der jeweils resultierenden Oberflächenstruktur auf die Ermüdungstragfähigkeit bewirkt. Zum anderen kann dadurch die Interaktion mit dem Schmierstoff besser quantifiziert werden, woraus Erklärungsansätze für tragfähigkeitsbegünstigende selbstregenerative Grenzschichten abgeleitet werden können.

Darüber hinaus liegen ebenfalls werkstoffseitig Potenziale zur nachhaltigen Modellverbesserung vor. Der Modellansatz umfasst aktuell ein Anrisskonzept. Die weitere Rissausbreitung und daraus resultierende Erklärung von Ausbruchsformen erfordert die Kopplung von Methoden der Bruchmechanik. Darüber hinaus erfolgt die Berücksichtigung von Fehlstellen aktuell in einem statistischen Verfahren. Die Auszählung von Fehlstellenverteilungen aus Werkstoffproben und Berücksichtigung ihrer statistischen Verteilung auf Basis von Wahrscheinlichkeitsdichteverteilungen erlaubt eine verbesserte Beschreibung des Chargeneinflusses auf die Wälzermüdung.

Summary and Outlook

In the present thesis methods for the testing and calculation of the fatigue strength in rolling-sliding contacts are presented. The work aims for a basis for a secure comparability of tests on disks and spur gears. The scientific originality of the method is the evaluation of pitting damages independent of the part geometry. The hypothesis is that the strength of a volume element is independent of the location in a loaded area under rolling-sliding conditions. In contrast only the local state of stress compared to the material strength has to be quantified in detail to explain the pitting strength of the part. Furthermore, the method allows for the densification of local single results to a total strength number for the entire component that covers the size influence in fatigue. The practical relevance of the method is the provision of a transfer approach from a less expensive testing system (disk) to a target testing system (gear). This allows for the qualification of e.g. materials, lubricants or manufacturing-related influences. Additionally the results are the basis for comparative tests for larger components, as the disc test rigs need smaller center distances compared to the gear test rigs for comparable radii of curvature.

In a first step the experimental preconditions for the transferability of the testing systems were proven. Therefore, investigations of the friction and fatigue behavior have been carried out. Comparable results between the two testing principles could be achieved. The transferability of friction tests could be proven indirectly only, as a local measurement of friction coefficients in the tooth mesh is not state of the art. Under consideration of additional loads in the tooth mesh compared to the disk contact, such as the normal force asymmetry, consistent results for the frictional behavior could be derived. Furthermore, comparable contacting conditions in disk and gear test lead to a comparable fatigue progress of the tooth flanks and running tracks of the disks. In summary a transferability of the testing systems could be confirmed.

Based on the experiments a local calculation approach for the disk contact was developed that allows for the exact analysis of the loads in the volume and surface-near area. The volume stresses were calculated based on a thermal-mechanical FEA model taking into account the actual contact geometry. The surface-near stresses due to the contact of technical surfaces were derived from half space theory based on topography measurements. For the calculation of real pressure distributions a method was presented that allows for the efficient calculation of large contact areas in high resolution with a couple of million nods. Based on topographies and external loads (normal forces, friction coefficient, and rotational speeds) the local states of stress were calculated and evaluated in the enhanced weakest link model. The combination of all local probabilities of survival to the total probability of survival allows for the rating of the entire component and is in accordance with test results.

For the transfer of the method to the gear contact further additional loads compared to the disk contact were identified and quantified. The most significant additional loads are secondary loads due to bending, compression and shear after the contact. The most accurate calculation of secondary loads is done by FEA (e.g. FE-based tooth contact analysis FE-Stirnradkette). The secondary stresses increase the stress amplitude over the entire mesh compared to the evaluation of the contact zone only. The application of the strength calculation method derived from disks on gears leads to corresponding results. As the calculation approach based on topographies is time-consuming a further analysis with synthetic surface structures was carried out. The consideration of synthetic surface topographies can lead to valid results but requires further research.

The calculation method for the rolling-sliding contact fatigue strength presented in this work enables the transfer of results from the disk test rig to the gear test rig for comparable contact geometries based on a local approach. For the secure application in other gear applications (helical gears, bevel gears, hypoid gears) further investigations are necessary. Furthermore, the local approach shows a potential for the description of meshes or contact conditions that cannot be calculated in detail today, such as the pitting strength of beveloids.

The endurance strength regarding pitting strength can be described by the approach. The test results show, however, that the contact geometry and loads vary over the testing cycle. This is why the contact conditions for several numbers of load cycles were evaluated. It is necessary to describe the time-dependent changes in the contact geometry to properly rate the components. An enhancement of the method by the prediction of changing surface contact conditions would allow for the additional rating of finite life and mutual influences such as micro-pitting and macro-pitting.

A relevant enhancement of the state of art is in the contact calculation of large areas based on topography measurements. The transfer of the method from disk to gear contact shows much higher contact pressure values for the gear. A reason is the local lubrication conditions that lead to a higher flow resistance of the lubricant in the axial ground surface structure of the gear. The more precise consideration of the lubricant in the calculation could be a valuable enhancement in the contact simulation and would allow for a detailed rating of different manufacturing methods and their resulting surface structures in combination with the fluid. Besides, the interaction of lubricant and surface could be better described. This can lead to better explanations of the influence of self-generating protective boundary layers on gear surfaces.

Additionally, improvements for the description of the material strength can be derived. The model approach is suitable for the prediction of initial cracks. For the description of the crack propagation and resulting explanations of the shape of pitting cavities the coupling with fracture mechanics theory is promising. Furthermore, the transfer of the statistical weakest link model to a real weakest link model based on the counting of weakest links in material specimen could lead to a better description of the influence of different material batches on the strength of gears.

10 Literaturverzeichnis

References

[AGMA04] Norm ANSI/AGMA 2001-D04:
Fundamental Rating Factors and Calculation Methods for Involute Spur and Helical Gear Teeth.
AGMA, Virginia (USA), 2004

[AIRY62] Airy, G.B.:
On the Strains in the Interior of Beams.
Rept. Brit. Assoc. Advanc. Sc., 1862, S. 82

[BAGH15] Bagh, A.:
Auslegung PVD-beschichteter Stirnräder.
Diss. RWTH Aachen, 2015

[BART09] Bartel, D.:
Simulation von Tribosystemen.
Habil. Universität Magdeburg, 2009

[BART00] Bartel, D.:
Berechnung von Festkörper- und Mischreibung bei Metallpaarungen.
Diss. Universität Magdeburg, 2000

[BART99] Bartz, W.J., et alt.:
Schäden an geschmierten Maschinenelementen. Gleitlager, Wälzlager, Zahnräder.
3. Auflage, Expert, Renningen-Malmsheim, 1999

[BECK90] Becker, A.:
Numerische Berechnung des Kontaktes beliebig gekrümmter Körper unter besonderer Berücksichtigung der Einflussgrößen des Rad-Schiene-Systems.
Diss. Ruhr-Universität Bochum, 1990

[BENE61] Benedict, G.H.; Kelley, B.W.:
Instantaneous Coefficient of Gear Tooth Friction.
In: ASLE Trans. 4 (1961), S. 59-70

[BHAT14] Bhattacharyya, A.; Subhash, G.; Arakere, N.:
Evolution of Subsurface Plastic Zone due to Rolling Contact Fatigue of M-50 NiL Case Hardened Steel.
In: Journal of International Fatigue 59 (2014), S. 102-113

[BOEH82] Böhm, J.; Heckel, K.:
Die Vorhersage der Dauerschwingfestigkeit unter Berücksichtigung des statistischen Größeneinflusses.
In: Zeitschrift für Werkstofftechnik 13 (1982), S. 120-128

[BÖRN76] Börnecke, K.:
Beanspruchungsgerechte Wärmebehandlung von einsatzgehärteten Zylinderrädern.
Diss. RWTH Aachen, 1976

[BOUS85] Boussinesq, J.:
Application des potentiels a l'étude de l'équilibre et du mouvement des solides élastiques.
Gauthier-Villars, Paris, 1885

[BRAY07] Braykoff, C.:
Tragfähigkeit kleinmoduliger Zahnräder.
Diss. TU München, 2007

[BREC15] Brecher, C.; Brumm, M.; Renkens, D.; Löpenhaus, C.:
Method for Calculating Normal Pressure Distribution of High Resolution and Large Contact Area.
In: ASME Journal of Tribology, akzeptiert Juli 2015

[BREC14a] Brecher, C.; Brumm, M.; Löpenhaus, C.:
Thermo-mechanische FEM-Berechnung des Wälzkontakts.
In: ant Journal 4 (2014), S. 3-10

[BREC14b] Brecher, C.; Brumm, M.; Löpenhaus, C.; Frischtatzky, R.:
FEM-Analyse grübchenkritischer Beanspruchungen im Zwei-Scheiben-Wälzkontakt bei variierenden Betriebsbedingungen.
Masterarbeit, RWTH Aachen, 2014

[BREC14c] Brecher, C.; Brumm, M.; Löpenhaus, C.; Renkens, D.:
Wälzbeanspruchung der oberflächennahen Randzone unter Berücksichtigung der Oberflächentopographie
Masterarbeit, RWTH Aachen, 2014

[BREC14d] Brecher, C.; Brumm, M.; Greschert ,R.; Löpenhaus, C.:
Improvements in Manufacturing Related SurfaeStrength Increase and Rolling Contact Fatigue Simulation.
In: 5th WZL Gear Conference USA, October 22 & 23, 2014, Rochester, NY /USA, Hrsg.: Brecher, C.; Klocke, F.; Apprimus, Aachen, 2014, S. 15-1 - 15-25

[BREC13a] Brecher, C.; Brumm, M.; Löpenhaus, C.; Hartmann, C.:
Numerische und analytische Analyse der grübchenkritischen Zahnflankenbeanspruchung infolge Zahnbiegung.
Studienarbeit, RWTH Aachen, 2013

[BREC13b] Brecher, C.; Brumm, M.; Löpenhaus, C.; Makarski, C.; Hansmann, B.; Haschke, T.:
Quantifizierung des Wirkungsgrads von Automobilverzahnungen mittels Reibkraftmessung im Analogieversuch.
Projektarbeit, RWTH Aachen, 2013

[BREC13c] Brecher, C.; Brumm, M.; Löpenhaus, C.:
Local Approach for FE-based Calculation of Pitting Strength based on the Weakest Link Model.
In: International Conference on Gears 2013, VDI-Bericht 2199, VDI-Verlag, Düsseldorf 2013, S. 631-642

[BREC12a] Brecher, C.; Brumm, M.; Rüngeler, M.:
Einfluss des Belastungsverlaufes auf die Zahnfusstragfähigkeit
In: Schweizer Maschinenelemente Kolloquium 2012, TUDpress, Dresden, 2012

[BREC12b] Brecher, C.; Brumm, M.; Hellmann, M.:
Auslegung einsatzgerechter Sollmodifikationen unter Berücksichtigung verfahrensbedingter Verschränkungen.
In: Tagungsband zur 53. Arbeitstagung „Zahnrad- und Getriebeuntersuchungen“, Aachen, 23./24. Mai 2012

[BREC12c] Brecher, C.; Gorgels, C.; Löpenhaus, C.; Pau, S.; Renkens, D.:
Konstruktive Optimierung sowie FEM-Analyse des Wälzkontakts im Zwei-Scheiben-Prüfstand.
Projektarbeit, RWTH Aachen, 2012

[BREC11a] Brecher, C.; Brumm, C.; Löpenhaus, C.:
Lokale spannungsmechanische Beschreibung grübchenkritischer Zahnflankenbeanspruchungen.
In: Tagungsband DMK 2011, TUDpress, Dresden, 2011, S. 145-164

[BREC11b] Brecher, C.; Gorgels, C.; Löpenhaus, C.; Lubos, F.:
Wirkungsgradoptimierte Auslegung einer doppelschrägverzahnten Planetengetriebestufe.
Diplomarbeit, RWTH Aachen, 2011

[BREC10] Brecher, C.; Gorgels, C.; Ingeli, J.:
Benutzeranleitung zum Programm FE-Stirnradkette v4.0.
FVA-Forschungsvorhaben Nr. 484, Forschungsvereinigung Antriebstechnik e.V., Frankfurt a.M., 2010

[BRÖM05] Brömsen, O.:
Steigerung der Zahnfußtragfähigkeit von einsatzgehärteten Stirnrädern durch automatische Geometrieoptimierung.
Diss. RWTH Aachen, 2005

[BRUC06] Bruckmeier, S.:
Flankenbruch bei Stirnradgetrieben.
Diss. TU München, 2006

[BRUD01] Bruder, T.; Schön, M.:
Durability Analysis of Carburized Components Using a Local Approach Based on Elastic Stresses.
In: Materialwissenschaft und Werkstofftechnik (32) 2001, S. 377-387

[BUGI09] Bugiel, C.:
Tribologisches Verhalten und Tragfähigkeit PVD-beschichteter Getriebe-Zahnflanken.
Diss. RWTH Aachen, 2009

[CAO02] Cao, J.:
Anforderungs- und fertigungsgerechte Auslegung von Stirnradverzahnungen durch Zahnkontaktanalyse mit Hilfe der FEM.
Diss. RWTH Aachen, 2002

[CHEN65] Cheng, H.S.; Sternlicht, B.:
A Numerical Solution for the Pressure, Temperature and Film Thickness between the Infinitely Long Lubricated Rolling and Sliding Cylinders under Heavy Loads.
In: Trans. ASME, J. Basic. Eng. 3 (1965), S. 695-705

[CZIC10] Czichos, H.; Habig, K.-H.:
Tribologie-Handbuch. Tribometrie, Tribomaterialien, Tribotechnik.
3. Auflage, Vieweg+Teubner, Wiesbaden, 2010

[DIN11] Norm DIN 51517:
Schmierstoff, Schmieröle
Beuth-Verlag, Berlin, 2011

[DIN08] Norm DIN EN 10084:
Einsatzstähle – Technische Lieferbedingungen.
Beuth, Berlin, 2008

[DIN06a] Norm DIN ISO 14635:
Zahnräder – FZG Prüfverfahren.
Beuth-Verlag, Berlin, 2006

[DIN06b] Norm DIN EN ISO 6507:
Metallische Werkstoffe – Härteprüfung nach Vickers.
Beuth, Berlin, 2006

[DIN03] Norm DIN EN ISO 2639:
Stahl – Bestimmung und Prüfung der Einsatzhärtungstiefe.
Beuth, Berlin, 2003

[DIN00] Norm DIN EN ISO 642:
Stahl – Stirnabschreckversuch (Jominy-Versuch).
Beuth, Berlin, 2000

[DIN79] Norm DIN 3979:
Zahnschäden an Zahnradgetrieben – Bezeichnungen, Merkmale, Ursachen.
Beuth-Verlag, Berlin, 1979

[DOLE03] Doleschel, A.:
Wirkungsgradberechnung von Zahnradgetrieben in Abhängigkeit vom Schmierstoff.
Diss. TU München, 2003

[DOWS66] Dowson, D.; Higginson, G.R.:
Elasto-Hydrodynamic Lubrication. The Fundamentals of Roller Gear Lubrication.
Pergamon Press, Oxford, 1966

[DUDA71] Duda, M.:
Der geometrische Verlustbeiwert und die Verlustunsymmetrie bei geradverzahnten Evolventen-Stirnradgetrieben.
In: Forsch. Ing.-wes. 37 (1971), S. 59 - 64

[EISE66] Eiselt, H.:
Beitrag zur experimentellen und rechnerischen Bestimmung der Freßtragfähigkeit von Zahnradgetrieben unter Berücksichtigung der Zahnflankenreibung.
Diss. TU Dresden, 1966

[ELST93] Elstorpff, M.-G.:
Einflüsse auf die Grübchentragfähigkeit einsatzgehärteter Zahnräder bis in das höchste Zeitfestigkeitsgebiet.
Diss. TU München, 1993

[EMME94] Emmert, S.:
Untersuchungen zur Zahnflankenermüdung (Grauflecken, Grübchenbildung) schnellaufender Stirnradgetriebe.
Diss. TU München, 1994

[FKM03] FKM-Richtlinie:
Rechnerischer Festigkeitsnachweis für Maschinenbauteile.
5. Aufl., VDMA Verlag, Frankfurt a.M., 2003

[FRIE98] Friederich, H.; Kaiser, B.; Kloos, K. H.:
Anwendung der Fehlstellentheorie nach Weibull zur Berechnung des statistischen Größeneinflusses bei Dauerschwingbeanspruchung.
In: Materialwissenschaft u. Werkstofftechnik 29 (1998), S. 178-184

[FRIT91] Fritsch, P.:
Oberflächenfeingestalt einsatzgehärteter Zahnräder. Einfluss auf Bauteilbeanspruchung, Zahnflankentragfähigkeit und Geräuschverhalten.
Diss. RWTH Aachen, 1991

[FRÖS11] Fröschl, J.; Decker, M.; Eichlseder, W.:
Neuer Ansatz zur Bewertung von Stützwirkung und statistischem Größeneinfluss im Auslegungsprozess.
In: Materials Testing 53 (2011), S. 481-486

[GAPP62] Gappisch, M.:
Über die Grübchenbildung an Evolventen-Stirnradgetrieben.
Diss. RWTH Aachen, 1962

[GNIL92] Gnilke, W.; Lüpfert, H.-P.:
Werkstoffanstrengung durch wandernde Druckbergketten.
In: Hengerer, F. (Hrsg.): Randschichtermüdung im Wälzkontakt, AWT-Tagung, 06.-07. Mai 1992, S. 174 - 190.

[GOHR82] Gohritz, A.:
Ermittlung der Zahnflankentragfähigkeit mittlerer und großer Getriebe durch Analogieversuche.
Diss. RWTH Aachen, 1982

[GROT11] Grote, K.-H.; Feldhusen, J.:
Dubbel. Taschenbuch für den Maschinenbau.
23. Aufl., Springer, Berlin, 2011

[GRZY07] Grzybowski, R.; Steingröver, K.:
Das Getriebe für Windkraftanlagen im Fokus der nationalen und internationalen Normung.
In: Tagungsband zum Dresdner Maschinenelement Kolloquium (DMK), 5.-6. Dezember 2007

[HAIB06] Haibach, E.:
Betriebsfestigkeit. Verfahren und Daten zur Bauteilberechnung.
3. Auflage, Springer, Berlin, 2006

[HAMR04] Hamrock, B.; Schmid, S; Jacobson, B.:
Fundamentals of Fluid Film Lubrication.
2. Aufl., CRC Press, Cleveland, 2004

[HART09] Hartung, J.; Elpelt, B.;Klösener, K.-H.:
Statistik.
15. Aufl., Oldenbourg, München, 2009

[HASL91] Haslinger, K.:
Untersuchungen zur Grübchentragfähigkeit profilkorrigierter Zahnräder.
Diss. TU München, 1991

[HEMM07] Hemmelmann, J.E.:
Simulation des lastfreien und belasteten Zahneingriffs zur Analyse der Drehübertragung von Zahnradgetrieben.
Diss. RWTH Aachen, 2007

[HERG13] Hergesell, M.:
Graufleckern- und Grübchenbildung an einsatzgehärteten Zahnrädern mittlerer und kleiner Baugröße.
Diss. TU München, 2013

[HERT03] Hertter, T.:
Rechnerischer Festigkeitsnachweis der Ermüdungstragfähigkeit vergüteter und einsatzgehärteter Stirnräder.
Diss. TU München, 2003

[HERT81] Hertz, H.:
Über die Berührung fester elastischer Körper.
In: Journal für die reine und angewandte Mathematik 92 (1881), S. 156-171

[HÖHN08] Höhn, B.-R.; Tobie, T.; Hergesell, M.:
Einfluss der Graufleckigkeit auf die Grübchentragfähigkeit einsatzgehärteter Zahnräder.
FVA-Vorhaben Nr. 459, Heft 844, 2008

[HÖHN95] Höhn, B.-R.; Oster, P.:
Der Flankenkontakt – ein elastohydrodynamischer Wälzkontakt.
In: VDI-Bericht 1207 (1995), S. 93-106

[HÜCK83] Hück, M.:
Ein verbessertes Verfahren für die Auswertung von Treppenstufenversuchen.
In: Zeitschrift für Werkstofftechnik 14 (1983), S. 406-417

[HURA04] Hurasky-Schönwerth, O.:
Einsatzverhalten von PVD-Beschichtungen und biologisch schnell abbaubaren synthetischen Estern im tribologischen System des Zahnkontaktes.
Diss. RWTH Aachen, 2004

[ISO08] Norm ISO 6336-2 Technical Corrigendum:
Calculation of load capacity of spur and helical gears - Part 2: Calculation of surface durability (pitting); Technical Corrigendum 1.
Beuth, Berlin, 2008

[ISO06] Norm ISO 6336:
Calculation of Load Capacity of Spur and Helical Gears.
Beuth, Berlin, 2006

[KÄSE77] Käser, W.:
Beitrag zur Grübchenbildung an gehärteten Zahnrädern. Einfluss von Härtetiefe und Schmierstoff auf die Flankentragfähigkeit.
Diss. TU München, 1977

[KAGE02] Kage, R.:
Maximale Beanspruchbarkeit und statische Kerbempfindlichkeit einsatzgehärteter Zahnräder.
Diss. TU Dresden, 2002

[KLOC05] Klocke, F.; König, W.:
Fertigungsverfahren. Schleifen, Honen, Läppen.
4. Auflage, Springer, Berlin, 2005

[KLOO76] Kloos, K.-H.:
Einfluss des Oberflächenzustandes und der Probengröße auf die Schwingfestigkeitseigenschaften.
In: VDI-Berichte Nr. 268 (1976), S. 63-76

[KLUB01] Klubberg, F.; Schäfer, H. J.; Hempen, M.; Beiss, P.:
Mittelspannungempfindlichkeit metallischer Werkstoffe bei schwingender Beanspruchung.
In: Roell Amsler Symposium „World of Dynamic Testing“, S. 111-134, Gotmading, FRG, 14.-18. Mai 2001

[KNAU88] Knauer, G.:
Zur Grübchentragfähigkeit einsatzgehärteter Zahnräder. Einfluss von Werkstoff, Schmierstoff und Betriebstemperatur.
Diss. TU München, 1988

[KÖCH96] Köcher, J.J.:
Erhöhung der Zahnflankentragfähigkeit einsatzgehärteter Zylinderräder durch Kugelstrahlen.
Diss. RWTH Aachen, 1996

[KOLL13] Koller, P.:
Steigerung der Zahnflankentragfähigkeit durch Optimierung von Eigenspannungs- und Oberflächenzustand.
Diss. TU München, 2013

[KREI08] Kreil, O.:
Einfluss der Oberflächenstruktur auf Druckverteilung und Schmierfilmdicke im EHD-Kontakt.
Diss. TU München, 2008

[LANG89] Lang, O.R.:
Berechnung und Auslegung induktiv randschichtgehärteter Bauteile.
In: Kloos, K.-H. (Hrsg.); Grosch, J. (Hrsg.): Induktives Randschichthärten. Berichtsband zur Tagung der Arbeitsgemeinschaft Wärmebehandlung und werkstofftechnik (AWT), 1989, S. 332-348

[LANG79] Lang, O.R.:
Dimensionieren komplizierter Bauteile aus Stahl im Bereich der Zeit- und Dauerfestigkeit.
In: Zeitschrift für Werkstofftechnik 10 (1979), S. 24 – 29

[LEUB86] Leube, H.:
Untersuchungen zur Randschichtermüdung an einsatzgehärteten Zylinderrädern. Einfluss von Werkstoff, Gefüge und Oberflächen-Topografie.
Diss. RWTH Aachen, 1986

[LINK10] Linke, H.:
Stirnradverzahnung. Berechnung, Werkstoffe, Fertigung.
2. Aufl., Carl Hanser Verlag, München, 2010

[LIU97] Liu, J.:
Weakest Link Theory and Multiaxial Criteria.
In: Multiaxial Fatigue and Fracture, Elsevier, Oxford, 1999

[LIU91] Liu, J.:
Beitrag zur Verbesserung der Dauerfestigkeitsberechnung bei mehrachsiger Beanspruchung.
Diss. TU Clausthal, 1991

[LIU04] Liu, W.:
Einfluss verschiedener Fertigungsverfahren auf die Graufleckentragfähigkeit von Zahnradgetrieben.
Diss. TU München, 2004

[LOVE29] Love, A.:
The Stress Produced in a semi-infinite Solid by Pressure on Part of the Boundary.
In: Philosophical Transaction Royal Society, 1929, A 228, S. 377-420

[MACH82] Macherauch, E.; Kloos, K.H.:
Bewertung von Eigenspannungen.
In: Härterei-Technische Mitteilungen 28 (1982), Beiheft Eigenspannungen und Lastspannungen, S. 175-194

[MAYE14] Mayer, J.:
Einfluss der Oberfläche und des Schmierstoffs auf das Reibungsverhalten im EHD-Kontakt.
Diss. TU München, 2014

[MAYI86] Mayinger, F.; Straub, J.; Sandner, H.; Winkler, H.:
EDV-Temperatur-/Spannungsfelder.
FVA-Forschungsvorhaben Nr. 93 I/II, Heft, 228. Forschungsvereinigung Antriebstechnik e.V., Frankfurt a.M., 1986

[MICH87] Michaelis, K.:
Die Integraltemperatur zur Beurteilung der Fresstragfähigkeit von Stirnradgetrieben.
Diss. TU München, 1987

[NARU86] Naruse, C.; Haizuka, S.; Nemoto, R.; Kurokowa, K.:
Studies on Frictional Loss, Temperature Rise and Limiting Load for Scoring of Spur Gears.
In: Bulletin of JSME 29 (1986), S. 600-608

[NAZK10] Nazifi, K.:
Einfluss der Geometrie und der Betriebsbedingungen auf die Graufleckigkeit von Großgetrieben.
Diss. Ruhr-Universität Bochum, 2010

[NEUB68] Neuber, H.:
Über die Berücksichtigung der Spannungskonzentration bei Festigkeitsberechnungen.
In: Konstruktion 20 (1968), S. 245-251

[NEUP83] Neupert, B.:
Berechnung der Zahnkräfte, Pressungen und Spannungen von Stirn- und Kegelradgetrieben.
Diss. RWTH Aachen, 1983

[NEUP83] Neupert, B.:
Beanspruchung von Wälzelementen in oberflächennahen Randschichten.
In: VDI-Z 125 (1983), S. 979-987

[NIEM03] Niemann, G.; Winter, H.:
Maschinenelemente. Band 2: Getriebe allgemein, Zahnradgetriebe - Grundlagen, Stirnradgetriebe.
2. Auflage, Springer, Berlin, 2003

[PREX90] Prexler, F.:
Einfluss der Wälzflächenrauheit auf die Grübchenbildung vergüteter Scheiben im EHD-Kontakt.
Diss. TU München, 1990

[OHLE58] Ohlendorf, H.:
Verlustleistung und Erwärmung von Stirnrädern.
Diss. TU München, 1958

[OSTE82] Oster, P.:
Beanspruchung der Zahnflanken unter Bedingungen der Elastohydrodynamik.
Diss. TU München, 1982

[RAZI67] Razim, C.:
Einfluss von Restaustenit und netzförmigen Karbiden auf die Neigung zur Grübchenbildung in einsatzgehärteten Zahnrädern.
Diss. Universität Stuttgart, 1967

[REBE96] Rebecchi, B; Oswald, F.; Townsend, D.:
Measurement of Gear Tooth Dynamic Friction
In: NASA Technical Memorandum 107279, 1996, S. 1-9

[RÖSC76] Rösch, H.:
Untersuchungen zur Wälzfestigkeit von Rollen. Einfluss von Werkstoff, Wärmebehandlung und Schlupf.
Diss. TU München, 1976

[RÖTH12] Röthlingshöfer, T.:
Auslegungsmethodik zur Optimierung des Einsatzverhaltens von Beeveloidverzahnungen.
Diss. RWTH Aachen, 2012

[ROTH01] Roth, K.:
Zahnradtechnik I: Stirnrad-Evolventenverzahnung. Geometrische Grundlagen, Profilverschiebungen, Toleranzen, Festigkeit.
Springer-Verlag, Berlin, Heidelberg, 2001

[SCHÄ08] Schäfer, J.:
Erweiterung des Linienkontaktmodells für die Finite-Element-basierte Zahnkontaktanalyse von Stirnradverzahnungen.
Diss. RWTH Aachen, 2008

[SCHL12] Schlecht, B.; Schaefer, S.:
Berechnung der Zahnfuß-, Grübchen und Fresstragfähigkeit von Kegelrad- und Hypoidverzahnungen in BECAL.
FVA-Forschungsvorhaben Nr. 223 IX, Heft 1035, Forschungsvereinigung Antriebstechnik e.V., Frankfurt a.M., 2012

[SCHL95] Schlenk, L.:
Untersuchungen zur Fresstragfähigkeit von Großzahnrädern.
Diss. TU München, 1995

[SCHÖ84] Schönnenbeck, G.:
Einfluss des Schmierstoffs auf die Zahnflankenermüdung (Graufleckigkeit und Grübchenbildung) hauptsächlich im Umfangsgeschwindigkeitsbereich 1 ... 9 m/s.
Diss. TU München, 1984

[SCHO73] Schouten, M.J.W.:
Einfluss elastohydrodynamischer Schmierung auf Reibung, Verschleiß und Lebensdauer von Getrieben.
Diss. TH Eindhoven, 1973

[SCHR00] Schrade, U.:
Einfluss von Verzahnungsgeometrie und Betriebsbedingungen auf die Graufleckentragfähigkeit von Zahnradgetrieben.
Diss. TU München, 2000

[SCHW08] Schwienbacher, S.:
Einfluss von Schleifbrand auf die Flankentragfähigkeit einsatzgehärteter Stirnräder.
Diss. TU München, 2008

[SIMB75] Simbürger, A.:
Festigkeitsverhalten zäher Werkstoffe bei einer mehrachsigen phasenverschobenen Schwingbeanspruchung mit körperfesten und veränderlichen Hauptspannungsrichtungen.
Diss. TH Darmstadt, 1975

[SIMU12] N.N.:
Simulia Abaqus/CAE.
Firmenschrift, Dassault Systèmes, 2012

[STEI07] Steinberger, G.:
Optimale Grübchentragfähigkeit von Schrägverzahnungen.
Diss. TU München, 2007

[STÖß71] Stößel, K.:
Reibungszahlen unter elastohydrodynamischen Bedingungen.
Diss. TU München, 1971

[STRE97] Strehl, R.:
Tragfähigkeit von Zahnrädern aus hochfesten Sinterstählen.
Diss. RWTH Aachen

[TEKE12] Tekeste, S.:
Finite Element Based Surface Fatigue Estimation in Involute Spur Gear.
Lap Lambert, Saarbrücken, 2012

[TENB12] Tenberge, P.; Deters, L.; Bartel, D.; Hepermann, P.; Beilicke, R.:
Bestimmung der örtlichen Fresstragfähigkeit: Einfluss von Schräg- und Hochverzahnungen.
FVA-Forschungsvorhaben 598 I, Heft 1024, Forschungsvereinigung Antriebstechnik e.V., Frankfurt a.M., 2012

[THEY67] Theyse, F.H.:
Die Blitztemperaturhypothese nach Blok und ihre praktische Anwendung bei Zahnrädern.
In: Schmiertechnik 14 (1967), S. 22-29

[THOM12] Thoma,F.:
Lastübertragung im verformten System Lager-Welle-Zahnrad.
Diss. TU München, 2012

[TOBI01] Tobie, T.:
Zur Grübchen- und Zahnfußtragfähigkeit einsatzgehärteter Zahnräder. Einflüsse aus Einsatzhärtungstiefe, Wärmebehandlung und Fertigung bei unterschiedlicher Baugröße.
Diss. TU München, 2001

[VELT84] Velten, E.:
Entwicklung eines Schwingfestigkeitskonzeptes zur Berechnung der Dauerfestigkeit thermochemisch randschichtverfestigter bauteil-ähnlicher Proben.
Diss. TH Darmstadt, 1984

[VOLG91] Volger, J.G.:
Ermüdung der oberflächennahen Bauteilschicht unter Wälzbeanspruchung.
Diss. RWTH Aachen, 1991

[WECK76] Weck, M.; Winter, H. et alt.:
Grundlagenversuche zur Ermittlung der richtigen Härtetiefe bei Wälz- und Biegebeanspruchung.
FVA-Forschungsvorhaben Nr. 8, Heft 36, Frankfurt a.M., 1976

[WEIB39] Weibull, W.:
A Statistical Theory of the Strength of Materials.
Generalstabens Litografiska Anstalts Förlag, Stockholm, 1939

[WIMM06] Wimmer, A.J.:
Lastverluste von Stirnradverzahnungen. Konstruktive Einflüsse, Wirkungsgradmaximierung, Tribologie.
Diss. TU München, 2006

[WIND90] Winderlich, B.:
Das Konzept der lokalen Dauerfestigkeit und seine Anwendung auf martensitische Randschichten, insbesondere Laserhärtungsschichten.
In: Mat.-wiss. u. Werkstofftechn. 21 (1990), S. 378 – 389

[WINT79] Winter, H.; Weck, M.; Hösel, T.; Goebbelet, J.:
Empfehlung zur Vereinheitlichung von Flankentragfähigkeitsversuchen an vergüteten und gehärteten Zylinderrädern.
FVA-Merkblatt Nr. 0/5, 1979

[WIRT08] Wirth, C.:
Zur Tragfähigkeit von Kegelrad- und Hypoidgetrieben.
Diss. TU München, 2008

[WITZ12] Witzig, J.:
Flankenbruch – Eine Grenze der Zahnradtragfähigkeit in der Werkstofftiefe.
Diss. TU München, 2012

[ZUBE08] Zuber, D.:
Fußtragfähigkeit einsatzgehärteter Zahnräder unter Berücksichtigung lokaler Materialeigenschaften.
Diss. RWTH Aachen, 2008

Anhang: Herleitung Normalkraftasymmetriefaktor

Die lokale Verlustleistung ist um den Wälzpunkt C nicht symmetrisch [DUDA71]. Dieser Sachverhalt lässt sich als Normalkraftasymmetrie bezeichnen. Im reibungsfreien Fall ist die Zahnnormalkraft die einzige wirkende Kraft. Im reibungsbehafteten Zahnkontakt wirken allgemein neben der Normalkraft F_N ebenfalls Reibkräfte F_R. Die vektorielle Kraftaddition liefert eine resultierende Kraft. Die Wirkungslinie der resultierenden Kraft ist zur Wirkungslinie der Zahnnormalkraft verdreht. Die Reibkraft wechselt im Wälzpunkt ihre Richtung, wodurch auch die Richtung der Verdrehung beeinflusst wird. Bei der Herleitung des Normalkraftasymmetriefaktors λ muss daher eine Fallunterscheidung für die Eintritts- (Segment AC) und Austrittseingriffsstrecke (Segment CE) vorgenommen werden. In **Bild A.1** sind die Winkel, Radien und Kräfte für die Bereiche auf der Eingriffsstrecke vor und nach dem Wälzpunkt gezeigt. Im Sinne einer besseren Übersichtlichkeit sind die Winkel, insbesondere der Reibungskegelwinkel, stark überzeichnet dargestellt.

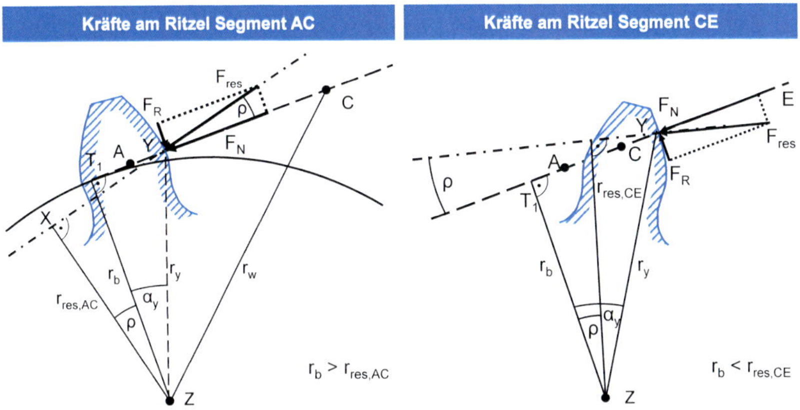

Bild A.1: Geometrie und Kräfte am Zahn auf Eingriffsstrecke
Geometry and Forces of Tooth along Path of Contact

Die Herleitung des Asymmetriefaktors erfolgt zunächst für den Bereich der Eintrittseingriffsstrecke AC. Es wird vorausgesetzt, dass das Antriebsmoment zeitlich konstant ist, sich also über der Eingriffsstrecke nicht ändert. Das Drehmoment ist als Produkt einer Kraft F und dem zu ihr senkrechten Hebelarm r definiert. Für den reibungsfreien Fall am Zahn sind auf jedem Punkt der aktiven Evolvente die dem Moment entsprechende Kraft die Zahnnormalkraft $F_{N,nenn}$ und der Hebelarm der Grundkreisradius r_b. Reibungsbehaftet wirkt zusätzlich zur Zahnnormalkraft die Reibkraft F_R. Die vektorielle Addition dieser Kräfte liefert die resultierende Kraft F_{res}. Das Moment wird in diesem Fall aus der resultierenden Kraft F_{res} und dem resultierenden Hebelarm r_{res} gebildet:

$$M_{An} = F \cdot r = F_{N,nenn} \cdot r_b = F_{res} \cdot r_{res} \tag{A.1}$$

Der Reibkegelwinkel ρ ist abhängig vom Reibwert μ. Die Zahnnormalkraft und die Reibkraft sind zueinander senkrecht und gemäß des Coulombschen Reibungsgesetzes über dem Reibwert proportional. Die aus beiden Kraftkomponenten vektoriell zusammengesetzte Gesamtkraft F_{res} schließt mit der Normalkraft den Reibkegelwinkel ρ ein. Es folgt:

$$\rho = arctan(\mu) \tag{A.2}$$

Nachfolgend werden die beiden Dreiecke XYZ und T_1YZ betrachtet. Der Grundkreisradius r_b spannt mit dem Radius eines y-Kreises r_y und der Wirkungslinie der Normalkraft (Eingriffslinie) das Dreieck T_1YZ auf. Der Grundkreisradius r_b schließt mit der Eingriffslinie einen rechten Winkel ein. Der Winkel zwischen den Radien des Grundkreises r_b und des y-Kreises r_y ist der Eingriffswinkel am y-Kreis α_y.

Das weitere Dreieck XYZ wird von der Wirkungslinie der resultierenden Kraft F_{res} und dem Abschnitt $r_{res,AC}$ der daraus resultierenden Normalen durch die Drehachse des Zahnrads Z sowie dem Radius des y-Kreises r_y gebildet. Der eingeschlossene Winkel zwischen den Radien $r_{res,AC}$ und r_y ist gegenüber der Konstellation bei Reibungsfreiheit (Dreieck T_1YZ) um den Reibkegelwinkel ρ vergrößert, was maßgeblich für das Niveau der Normalkraftunsymmetrie ist. Es folgt:

$$r_{res,AC} = cos(\alpha_y + \rho) \cdot r_y \tag{A.3}$$

Für den Eingriffswinkel am y-Kreis α_y gilt:

$$cos(\alpha_y) = \frac{r_b}{r_y} \tag{A.4}$$

Die Zusammenführung von Gleichung (A.3) und (A.4) führt zu:

$$r_{res,AC} = cos(\alpha_y + \rho) \cdot \frac{r_b}{cos(\alpha_y)} \tag{A.5}$$

Das Umstellen der Gleichung (A.1) sowie Einbinden der Gleichung (A.5) liefert:

$$\frac{F_{res,AC}}{F_{N,nenn}} = \frac{cos(\alpha_y)}{cos(\alpha_y + \rho)} \tag{A.6}$$

Zur Ableitung eines Normalkraftunsymmetriefaktors wird die resultierende Kraft F_{res} in die resultierende Normalkraft $F_{N,res}$ umgerechnet. Der Normalkraftunsymmetriefaktor beschreibt das Verhältnis von der resultierenden Normalkraft $F_{N,res}$ zur nominalen Zahnnormalkraft $F_{N,nenn}$. Die Kraftgrößen sind über den Winkel ρ im Kräftedreieck verbunden:

$$F_{N,res,AC} = F_{res,AC} \cdot cos(\rho) \tag{A.7}$$

Das Einsetzen von Gleichung (A.7) in Gleichung (A.6) führt zum Normalkraftasymmetriefaktor λ_{AC} für den Bereich der Eintrittseingriffsstrecke AC:

$$\lambda_{AC} = \frac{F_{N,res,AC}}{F_{N,nenn}} = \frac{cos(\alpha_y) \cdot cos(\rho)}{cos(\alpha_y + \rho)} \tag{A.8}$$

Analog zur Herleitung des Normalkraftasymmetriefaktors λ_{AC} für den Bereich der Eintrittseingriffsstrecke AC erfolgt die Bestimmung des Verlustunsymmetriekoeffizienten λ_{CE} für die Austrittseingriffsstrecke. Der Unterschied zur Eintrittseingriffsstrecke AC besteht in der Umkehrung der Orientierung der Reibkraft F_R. Dadurch wird der Normaleingriffswinkel α_y um den Reibkegelwinkel ρ reduziert statt vergrößert. Es gilt:

$$\lambda_{CE} = \frac{F_{N,res,CE}}{F_{N,nenn}} = \frac{cos(\alpha_y) \cdot cos(\rho)}{cos(\alpha_y - \rho)} \qquad \text{(A.9)}$$

Die Normalkraftasymmetriefaktoren der beiden Eingriffsstreckenteile lassen sich in einem mathematischen Ausdruck zusammenfassen. Für die Vorzeichenunterscheidung wird die Signumfunktion gewählt. Als Argument für die Signumfunktion wird die Gleitgeschwindigkeit v_g gewählt, da diese am Wälzpunkt ihr Vorzeichen wechselt:

$$\lambda = \frac{F_{N,res}}{F_{N,nenn}} = \frac{cos(\alpha_y) \cdot cos(\rho)}{cos(\alpha_y - sign(v_g) \cdot \rho)} \qquad \text{(A.10)}$$

Lebenslauf

Curriculum Vitae

Zur Person

Name:	Christoph Löpenhaus
Geburt:	17. Oktober 1984 in Ochtrup
Eltern:	Ewald Löpenhaus Annette Löpenhaus, geb. Ratering

Ausbildung

08/95 – 06/04:	Städtisches Gymnasium Ochtrup
10/04 – 12/09:	Studium des Wirtschaftsingenieurwesens an der RWTH Aachen Fachrichtung: Produktionstechnik

Studienbegleitende Tätigkeiten

06/04 – 09/04 /: 03/05	Grund- und Fachpraktikum in verschiedenen Betrieben des Maschinenbaus
10/05 – 03/07:	studentische Hilfskraft am Institut für allgemeine Mechanik (IAM) der RWTH Aachen
04/07 – 09/07:	Fachpraktikum Gesamtfahrzeug Panamera bei der Firma Dr. Ing. h.c. F. Porsche AG, Weissach
10/07 – 03/09:	studentische Hilfskraft am Werkzeugmaschinenlabor (WZL) der RWTH Aachen, Lehrstuhl für Werkzeugmaschinen, Abteilung Getriebetechnik, Gruppe Getriebeberechnung und Fertigungssimulation
05/09 – 09/09:	Fachpraktikum / Diplomarbeit Wind Turbine Gearbox bei der Siemens Wind Power A/S, Brande, Dänemark
10/09 – 12/09:	studentische Hilfskraft am Werkzeugmaschinenlabor (WZL) der RWTH Aachen, Lehrstuhl für Werkzeugmaschinen, Abteilung Getriebetechnik, Gruppe Getriebeuntersuchung

Berufstätigkeit

01/10 – 08/14:	wissenschaftlicher Angestellter am Werkzeugmaschinenlabor (WZL) der RWTH Aachen, Lehrstuhl für Werkzeugmaschinen, Abteilung Getriebetechnik, Gruppe Getriebeuntersuchung
10/11 – 08/14:	Leiter der Forschungsgruppe Getriebeuntersuchung, Abteilung Getriebetechnik, Lehrstuhl für Werkzeugmaschinen, Werkzeug- maschinenlabor (WZL) der RWTH Aachen
seit 09/14:	Oberingenieur der Abteilung Getriebetechnik, Werkzeugmaschinenlabor (WZL) der RWTH Aachen

FSC
www.fsc.org
MIX
Papier | Fördert
gute Waldnutzung
FSC® C083411

Kolibri 360 GmbH
Ferdinand-Jühlke-Straße 7
99095 Erfurt, Deutschland
produktsicherheit@kolibri360.de